化學原來如此！

INCREDIBLE ELEMENTS

最好懂的化學史、化學原理與元素週期表全攻略

化學原來如此！
最好懂的化學史、化學原理與元素週期表全攻略

作者：喬爾・利維
翻譯：張必輝
主編：黃正綱
資深編輯：魏靖儀
美術編輯：吳立新
行政編輯：吳怡慧

發行人：熊曉鴿
執行長：李永適
印務經理：蔡佩欣
發行經理：曾雪琪
圖書企畫：陳俞初

出版者：大石國際文化有限公司
地址：221416 新北市汐止區新台五路一段97號14樓之10
電話：(02) 2697-1600
傳真：(02) 8797-1736
印刷：群鋒企業有限公司

2024年（民113）6月初版五刷
定價：新臺幣 360 元／港幣 120 元
本書正體中文版由 Quarto Publishing plc
授權大石國際文化有限公司出版

ISBN：978-986-99809-4-4（平裝）
＊ 本書如有破損、缺頁、裝訂錯誤，請寄回本公司更換

總代理：大和書報圖書股份有限公司
地址：新北市新莊區五工五路2 號
電話：（02）8990-2588
傳真：（02）2299-7900

國家圖書館出版品預行編目（CIP）資料

化學原來如此！ - 最好懂的化學史、化學原理與元素週期表全攻略
喬爾. 利維 作；張必輝 翻譯. -- 初版. -- 新北市：大石國際文化, 民110.3　144面；14 x 20.8公分
譯自：Incredible elements : a totally non-scary guide to chemistry and why it matters

ISBN 978-986-99809-4-4 (平裝)
1.化學 2.通俗作品
340　　110002016

圖片版權

6 © Alamy | Nature Picture Library, 7 (top), 48, 89, 110 Wellcome Library, London, 12 © Alamy | North Wind Picture Archives, 14 © Shutterstock | S_Photo, 15 © Creative Commons | klimaundmensch.de, 16 © Shutterstock | Albert Russ, 17 © Creative Commons | Henry Walters, 19 © Creative Commons | Arkadiy Etumyan, 21 (top) © Shutterstock | Andrei Ch, 21 (bottom) © Shutterstock | italianvideophotoagency, 22 © Shutterstock | Aleoks, 38 © Shutterstock | Dan Logan, 43 (top) © Getty Images | Heritage Images, 43 (bottom, left) © Creative Commons | Jon Zander, 43 (bottom, right) © Creative Commons | Daniel Grohman, 79 © Shutterstock | Vadim Petrakov, 80 © Shutterstock | Denis Burdin, 83 © Shutterstock | worraset, 87 © Creative Commons | Rama, 91 © Getty Images | Clive Street, 109 © Creative Commons | Luigi Chiesa, 113 © Shutterstock | Morphart Creation, 123 © mmmdirt, 135 © Creative Commons | Rob Lavinsky, iRocks.com, 138 © Shutterstock | Christian Draghici, 139 © Shutterstock | hddigital

化學原來如此！
INCREDIBLE ELEMENTS
最好懂的化學史、化學原理與元素週期表全攻略

作者：喬爾・利維 Joel Levy
翻譯：張必輝

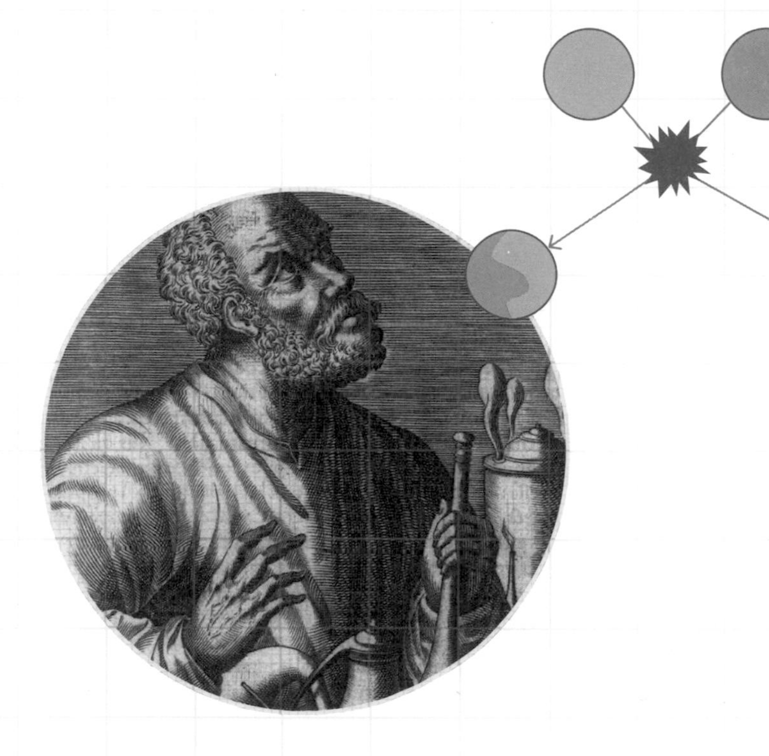

Boulder Media 大石文化

目錄

4 原子與離子 96

5 元素週期表 116

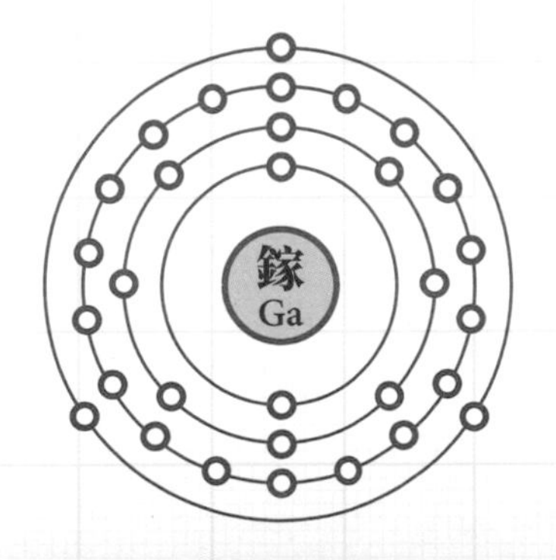

認識化學

嚴格來說，化學研究的是元素以及元素構成的化合物，但廣義上的化學遠遠不只如此。它是日常生活的科學，研究的是構成世界的物質，而我們每個人都能製造化學變化。這些變化對古人來說就像魔法一樣，即使到了今天也還是可能顯得神奇。

激勵人心的科學

大部分人聽到「化學」兩個字，腦子裡就會浮現試管、本生燈、白色的實驗衣，聯想到奇怪的氣味，甚至在內心深處預期會發生爆炸。但這些都是在學校上化學課時得到的粗淺經驗，不是化學真正的樣子，本書就是要告訴你這一點。透過本書，你會了解化學如何改變人類、賦予文明生命、激起神祕主義者和魔術師的想像力，並啟發史上最偉大的科學家。

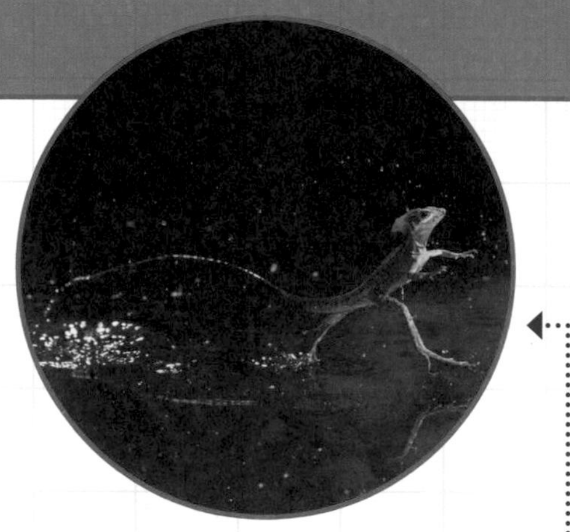

紅雙冠蜥（*Basiliscus vittatus*）能在水面上奔跑，因此俗稱耶穌蜥蜴。

「化學……是取得更高層次的心智修養最強大的手段之一……因為它讓我們能夠洞察周遭的造物奇蹟。」

——尤斯圖斯·馮·李比希（Justus von Liebig）

讀這本書不需要任何化學知識，因為書中會用簡單明白的方式，從最基本的概念，到最深奧的物質定律，逐一解釋給你聽。你只要有冒險和好奇的心就夠了。過程中你會認識一些怪異而了不起的人物，並學到許多有趣的小知識，例如麵包為何會膨發、冰塊為何會漂浮、蜥蜴如何能在水上行走（或至少是奔跑）等等。

揭開物質之謎

化學知識一直都在成長，而且比我們大多數人想像的還要快。目前我們知道的天然或人工的化學物質已有超過800萬種。晚至1965年，人類發現和製造的化學物質都還只有50萬種，但即便是這個數字，也已經遠遠超越了200年前化學家的想像。

化學的發展是思想史上最偉大的冒險之一，充滿了各式各樣的癡迷、貪婪、危險、希望和啟示。

為了避免讀者無法招架，本書焦點放在無機化學──探討除了碳以外的所有元素（請見第9頁）和它們的化合物。有些簡單的碳化合物，例如二氧化碳和碳酸鈣（粉筆或石灰石），也屬於無機化學的研究領域。

化學史大多和無機化學有關，所以這些情節經常交織在一起，構成一部精采的故事。化學的發展是思想史上最偉大的冒險之一，充滿了各式各樣的癡

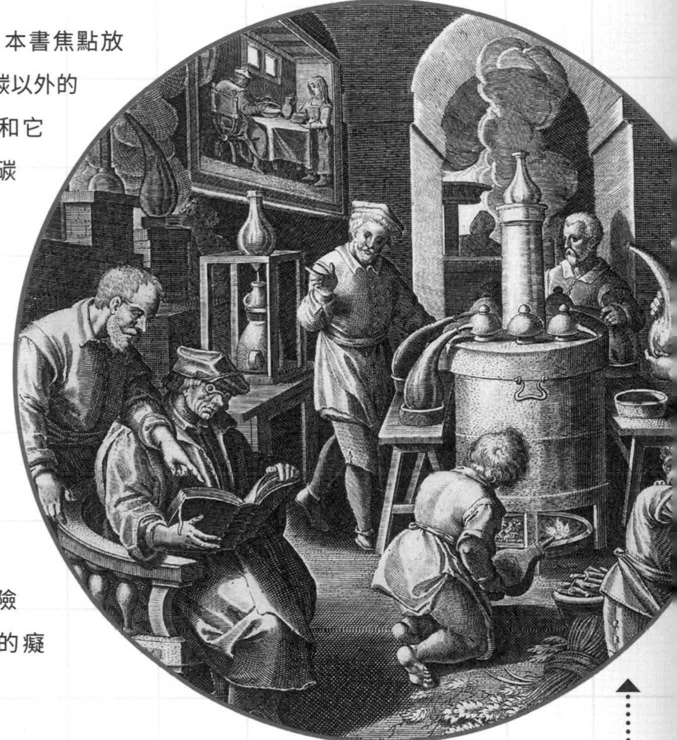

化學的前身是煉金術，這是科學和技藝的奇怪組合，以早期的希臘哲學思想為基礎。煉金術士對他們的工作非常保密。

化學研究在17世紀有了新的科學方法。**羅伯特・波以耳**終其一生都在開拓這種研究方法，後人稱他為「化學之父」。

1869年是化學的重要轉捩點，那年俄國化學家**迪米崔・門得列夫**確立了週期定律，並畫出第一張元素週期表。

迷、貪婪、危險、希望和啟示，本書的每一章都是這個故事的一個篇章。

本書隨著數百年來人類試圖揭開物質祕密的追尋軌跡，描述早期人類如何運用化學來生火煮食、古埃及人精巧的化學技術，和古希臘人對自然界的解釋。書中探討了結合科學和魔法的煉金術、科學革命帶來的轉變，以及尋找元素的過程。故事的高潮是發現了所有化學的關鍵：週期定律，而結局則是一項古老追尋的實現：會變成其他元素的元素。

在這趟磅礡旅程上的每個階段，我們介紹的都是基本的化學概念，以最少的數學和公式來說明，以便讓每個人都能讀懂元素背後隱藏的語言，進而理解我們身邊的世界。

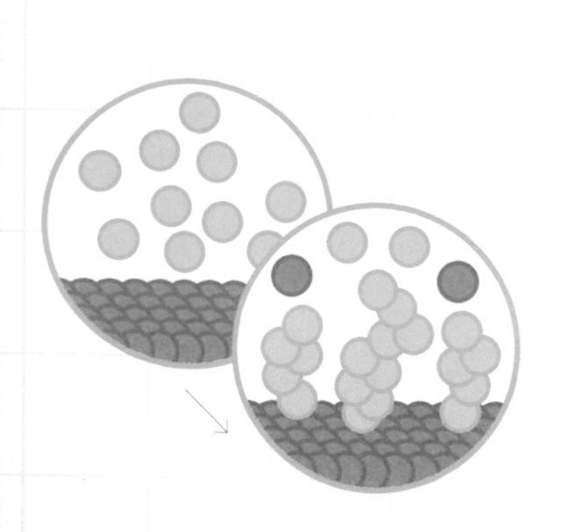

銅（Cu）取代硝酸銀溶液中的**銀（Ag）**。

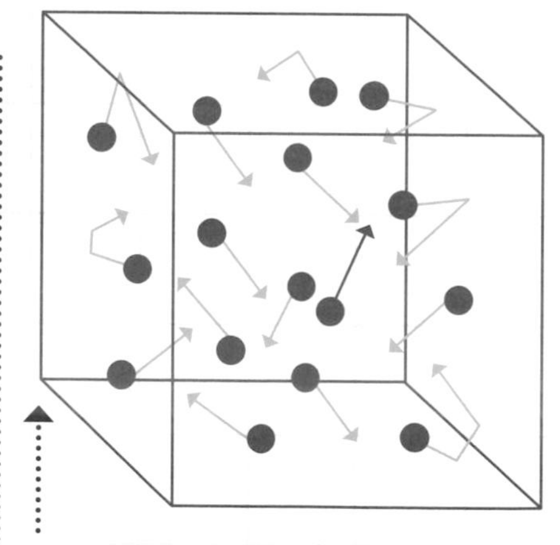

氣體粒子隨機進行直線運動，直到撞上容器壁。

原子、分子、元素與化合物

繼續往下說之前，我們先來看幾個最基本的術語和概念。化學家經常使用的兩組術語是「原子」和「分子」，還有「元素」和「化合物」。它們之間有什麼不同呢？

原子是物質的最小單位。

元素是物質最純的狀態，不含其他成分。元素由相同的原子構成，不同的原子構成不同的元素，例如元素碳裡只有碳原子。某些元素的原了是保持各自分開的狀態，例如氦。

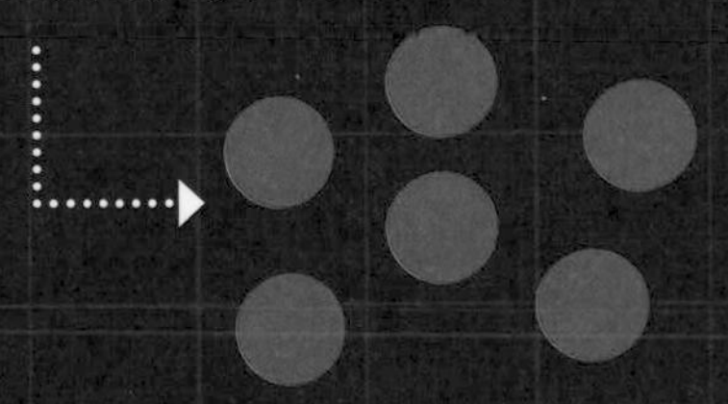

其他元素的原子則是透過化學方式結合在一起，形成**分子**，例如純氧是由氧分子組成的氣體，而每個氧分子都是由兩個氧原子鍵結而成。

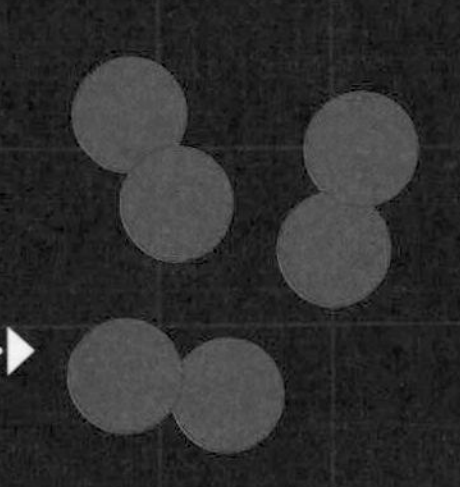

目前已知的元素有118種。

化合物中包含兩種以上的不同元素，以化學方式鍵結而成。在化學反應的過程中，原子和分子相互作用，產生新的排列組合，於是形成化合物，例如碳和氧結合，形成化合物二氧化碳：碳原子和氧分子起反應，形成二氧化碳分子。

本書對這些術語還會有更詳細的說明。關於原子，請見第28-29頁；關於元素，請見第24-25頁；關於化學鍵，請見第64-65頁；關於化學反應，請見第38-39頁。

1

古代世界的化學

本章探討的是古時候留下的豐富化學遺產，時間可以追溯到史前時期、古埃及和古希臘時代。本章也介紹重要的物質和能量概念——甚至還有讓吐司變好吃的祕密。雖然史前和古代的歷史比科學發展還要早，但在這些擁有高度複雜技術的年代，就已經有讓人驚嘆的先進化學技術，並且見證了現代物質和元素觀念的誕生。

史前化學

化學看起來也許像是一門現代科學。事實上，在啟蒙時代，化學被視為「唯一的」科學。啟蒙運動是18世紀歐洲的文化運動，認為比起傳統和宗教，科學和邏輯能帶給大眾更多的知識。但其實化學和人類文明一樣古老——你甚至可以說，人類之所以成為人類，就是因為懂得運用化學。就算並不自知，但打從人類之初，我們的祖先就已經在運用化學的基本原理了。

用火的開端

人類演化的轉捩點之一，就是學會利用燃燒來控制環境。「燃燒」的意思是碳的氧化：在放熱（以光和熱的形式釋放能量）的化學反應中，碳和氧形成鍵結，換句話說也就是著火。在地球上，碳自燃的情況非常少見，因為典型的燃燒反應需要活化能，也就是提高能量、讓反應開始進行（請見第38-39頁）。

有證據顯示，直立人（*Homo erectus*），也就是現代人智人（*Homo sapiens*）的祖先，會利用火燒的方式清理出棲息的地方，並可能用火來驚嚇獵物。一開始很可能是雷擊引起的天然火災，讓人類開始用火。但等到智人演化出來時，我們的祖先已經學會製造燃燒所需的活化能，例如透過打火石產生火花，或是透過摩擦木條產生熱。

自此之後，其他許多技術也跟著進步了。對人類的演化而言，最重要的一件事也許就是發現了烹煮食物的化學（詳見第14-15頁）。這不僅增加了人類可以吃的食物種類，以開啟了富含卡路里和蛋白質的飲食新選項。

史前人類**發現生火的方法**，是人類演化的關鍵一步。

在歐洲石器時代的遺址中，發現了運用**紅色和黃色赭石顏料**的繪畫，包含這幅來自西班牙阿塔米拉山洞的野牛圖像（約公元前1萬5000到1萬6500年）。

火工的技巧

充分掌握了燃燒的化學後，人類又發展出其他許多火工技術。英文的「火工技術」（pyrotechnics）這個字，源自希臘文的「pyr」（火）和「tekhne」（技術）。最早期的火工技術之一，是處理作為色素的赭石。赭石是一種黏土礦物，因為含有赤鐵礦而呈現黃褐色。赤鐵礦是一種名叫水合氧化鐵（III）的化合物，化學式為Fe_2O_3（有關化學符號的介紹，請見第110-111頁）。史前人類發現，用攝氏260-280度加熱赭石，會引起一種叫「煅燒」的化學反應，能生成更多元的顏色，尤其是醒目的紅色。

懂得替赭石加工之後，從事火工技術的人接著可能就轉向了燧石和黏土。熱處理會改變燧石的結構，能形成更鋒利的邊緣，製作出更好的工具，而燒製黏土則促進了陶藝的發展。

金屬時代

火工技術的化學帶動了冶金學（也就是金屬研究）的發展，也讓史前文明向前邁進，一路從石器時代進入銅器時代，再到青銅器時代，最後進入鐵器時代。金屬的化學性質正好說明了這些時代演進的順序。容易與氧和其他元素發生反應的金屬，在自然界中絕不會以純物質的狀態出現。相反地，與其他元素不發生反應的金屬，則會以純物質的狀態出現，因此較容易開採並加工。

黃金是最不會發生反應的金屬，也應該是人類最早使用的金屬，不過黃金太柔軟，除了裝飾以外，幾乎沒有其他用途。銅也是以純物質的型態存在，而透過火工技術，可以從銅礦石中提煉出金屬，熔化後可倒入模具中鑄造。銅和錫的礦石有時會一起出現，熔煉後會產生合金（也就是金屬的混合物），而銅加上錫就是所謂的青銅。地球上的鐵礦石比銅錫礦石還多，但鐵的熔點很高，在窯爐技術進步之前都不容易冶煉（從礦石中提取金屬）。但到了公元前1100年左右，古代冶金學家發現，用木炭重新加熱不純的鐵，可以製造出鋼。

烹煮食物的化學

每個人做飯時都是化學家。廚房就是化學實驗室，因為烹調就是一種化學反應。烹煮時，你利用熱促使食物分子發生化學反應，轉變為其他分子。這個過程讓煮熟的食物產生新的性質，改變了原有的口味、氣味、顏色、黏稠度、營養成分，甚至是毒性。

烹煮食物時，食物的化學性質因加熱而發生變化，讓許多複雜的大分子分解成較小的分子。有些變化對人類很重要，因為它們有助人類在進食後順利消化食物中的化學物質，例如肉類中堅韌的蛋白質經過烹煮，會分解成更容易消化的形式。加熱也有助食物中的化學物質發生反應。

可曾想過為什麼**剛出爐的麵包**看起來、聞起來、吃起來都這麼美味？這全要歸功於梅納反應。

來自東方的酵母

不是所有的烹飪方式都和加熱有關。史前人類應該就已經開始利用酵母了不起的化學能力，但最早的釀酒記載大約是在公元前4000年地中海東部的古代美索不達米亞地區。約略在同一個時期，古埃及也開始釀造啤酒。

法國化學家**路易斯．卡米拉．梅納**。

在製作麵包時揉麵團的過程，是一種透過手工改變食品化學特性的例子。揉捏會讓麵團中的蛋白質形成有彈性的長鏈，可使麵團留住酵母作用所產生的氣體而發酵脹起。酵母是一種真菌，可以把醣類轉化為乙醇（一種酒精），並在轉化的過程中放出二氧化碳，這種反應叫做發酵。雖然發酵是釀酒的根本，但在烘焙的過程中，大部分酒精都會因為加熱而揮發。

爐灶上的魔法

法國化學家路易斯·卡米拉·梅納（Louis Camille Maillard，1878-1936年）發現了最重要的烹飪反應之一。1912年，梅納發現，提供蛋白質和碳水化合物足夠的熱能，兩者會發生反應，產生獨特的新分子，讓某些烹煮過的食物具有獨特的口味、氣味和顏色。

焦糖化作用（把糖變成焦糖）是另一種加熱才會發生的反應。把糖裡面的水分子變成水蒸氣趕走，讓糖轉化成新形式的糖，最後再變成其他帶有堅果味的褐色分子。梅納反應和焦糖化作用一起發生時，會讓熟食產生獨特的味道、氣味和顏色，例如剛出爐的麵包、炒過的肉、烘焙過的咖啡豆和爆米花。

為什麼人類會覺得這些香氣、味道和外觀如此讓人胃口大開呢？因為在烹飪的過程中釋放的化學物質，許多都很像熟成水果所散發的氣味分子。水果是充滿能量的醣類來源，必定深深吸引著我們的類人猿祖先，是他們飲食中不可或缺的一部分。

烹飪讓我們有別於動物

人類學家主張，人類演化的動力是因為掌握了烹煮食物的化學。食物經過烹煮，會更容易且更快速地被食用和消化、釋放出更多的卡路里，並讓更多不同的食物成為飲食的一部分。煮熟的食物，尤其是肉類，可以不必咀嚼那麼久，用那麼多力氣消化，而且烹煮可能讓早期人類演化出很耗精力的大腦，騰出時間投入文化、社會和技術的發展。烹煮正好說明了我們的祖先直立人（如圖中的重建模型）為什麼會演化出較小的下巴、較短的腸子（所以腹部也比較小）和較大的頭骨（為了容納較大的腦）。

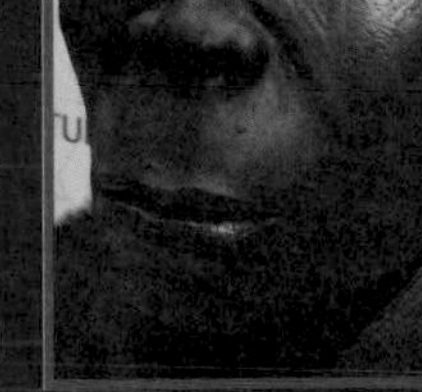

藥物、木乃伊與化妝品

「化學」一詞的起源可以追溯到古埃及時代。從公元前3100年開始，尼羅河谷發展出來的這個文明不但有精巧的藝術和建築，還有複雜的化學。古埃及人使用各式各樣的化學物質，並且懂得精煉和結合不同的化學物質，以達到最佳效果。

金屬與神祕主義

古埃及的世界充滿繽紛的色彩，因為他們擅長使用色素和染料，豐富了繪畫、布料、化妝品和玻璃藝術。埃及人除了應用史前的色素，例如赭石和其他氧化鐵，還增加了含有鈷、鉛和銅的色素，用到的元素早已超越前人。例如，他們從距離紅海沿岸幾英里的蓋貝爾拉薩斯（Gebel Rasas，「鉛山」之意）開採出方鉛礦。他們也開採俗稱水銀的汞。埃及智者為已知的金屬建立起一套神祕主義和知識的複雜體系，把金和太陽、鐵和火星、銅和金星、鉛和土星連結在一起。雖然這套知識系統並不科學，但遵循自有的邏輯規則，應可算是化學的開端。

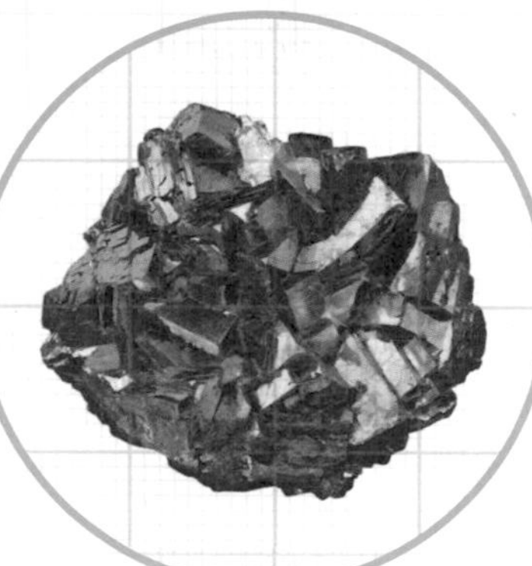

方鉛礦是鉛的主要礦石，埃及人在玻璃、化妝品和藥品裡都會使用鉛。

混合顏料

矽是地殼中含量第二多的元素，僅次於氧，埃及人很懂得利用。早在公元前16世紀，埃及人就已經開發出高溫熔爐，可以把矽熔化來產生玻璃，後來又懂得在玻璃中添加鉛，使它閃閃發光。

彩陶是與玻璃並駕齊驅的技術，使用含有碎石英（晶體型態的矽氧化物）或沙的陶土，製作成陶器。埃及人在彩陶中添加少量的石灰（碳酸鈣）和泡鹼（碳酸鈉、碳酸氫鈉和食鹽的天然混合物）。泡鹼是埃及化學中的一

埃及高官的陵墓中會有藍色的**河馬彩陶像**。彩陶是用二氧化矽加上少量的鈣和鈉製成的，因鮮豔的色彩而出名，特別是藍色、綠色和青綠色。

種神祕成分，有助於降低石英的熔點，讓玻璃更容易塑型。使用含銅的色素給彩陶上釉，產生明亮的藍綠色，可作為人造青金石，代替原本稀有又昂貴的天然青金石。

埃及人也用泡鹼和矽創造出一種全新的色彩——埃及藍。把沙、泡鹼和銅屑的混合物加熱到攝氏大約850度，就能製造出這種人造色素。埃及人從地中海東部的黎凡特（Levant）得到一種用蝸牛製作的紫色染料——皇家紫。已知早至公元前2650年就已經在埃及使用的其他色素還有木炭、碳酸銅和石灰石。

「化學」一詞的起源

「chemistry」（化學）這個英文字來自「alchemy」（煉金術，見第38-39頁），是阿拉伯文「al-kimya」的英文發音，但字根「kimya」的起源卻有不同的說法。羅馬的自然哲學家老普林尼（Pliny the Elder）認為是源自於古埃及文的kemi，「黑色」的意思，這也是埃及最早的名稱，源自於尼羅河肥沃的黑色淤泥。此外，也有人認為是源自於希臘文的khemeia，意思是「倒在一起」，指的是熔化金屬的技藝。

治療與防腐

可能早在人類出現之前，化學物質就已經被當作藥物使用，因為有證據顯示，猿類會以藥用植物來治療自己。埃及人讓藥物化學更上層樓，當時使用的許多化學物質，直到19世紀都還保留在藥典中，是官方正式收錄的藥物和製劑。埃伯斯紙草文稿（Ebers Papyrus）是最古老的兩篇醫學文獻之一，顯示古埃及人熟悉含有鉛和銻（用來治療發燒和皮膚症狀的銀白色金屬）的藥物，以及多種植物萃取物，例如鴉片和烏頭。

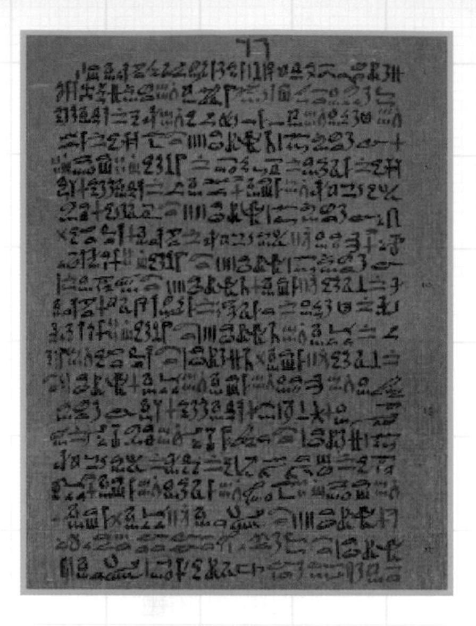

埃伯斯紙草文稿大約撰寫於公元前1543年，但根據年代更久遠的資料，內容包括以象形文字寫成的700多種藥物，例如含有鉛和銻的眼藥膏。

當藥石罔效時，埃及人也是喪葬化學的專家。埃及的木乃伊配方是利用泡鹼（碳酸鈉混合物）吸收水分，讓屍體脫水，並且具有抗生素的效果。碳酸鈉屬於鹼類（見第60-61頁），可提高屍體的pH值（鹼度），有助於延緩細菌生長。然後再用瀝青和焦油把乾燥的屍體密封，進一步防腐。在適當的條件下，木乃伊可以完整保存至少3000年。

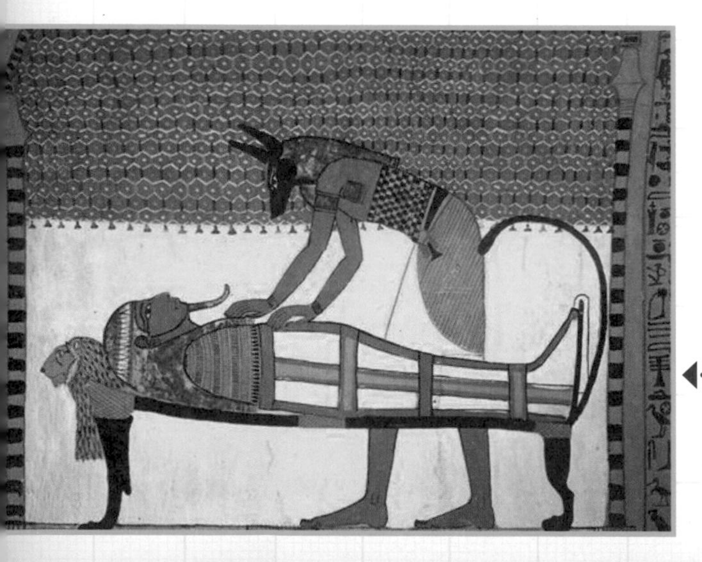

相傳古埃及的**死神阿努比斯**會監督屍體的防腐和木乃伊製作過程。整個過程大約耗時70天。

有3300年歷史、用灰泥包覆的**娜芙蒂蒂**（約公元前1370-1330年）石灰岩半身像。據說這位埃及王后使用含鉛的化妝品來提升她著名的美貌。

鉛（Pb）的電子組態。

鉛

有毒的化妝品

娜芙蒂蒂王后（Nefertiti）和其他古埃及王室成員曾使用含鉛的化妝品，尤其是黑色眼影粉（kohl）。不過鉛的毒性強，現在已禁止用在化妝品中。

古埃及的化妝品裡面到底含有多少鉛呢？化學家分析古墓中發現的化妝品，重現古老配方後得知，古埃及人製造出兩種非天然的氯化鉛——水氯鉛礦和角鉛礦，做為化妝品和眼霜中的細緻粉末。根據古代手稿的描述，它們也是治療眼部和皮膚疾病的基本藥物。然而，水氯鉛礦的鉛含量幾乎達到80%，角鉛礦也有76%！

物質與能量

讓我們暫時離開古代世界，先來看幾個基本的概念和術語，以便了解接下來的故事。化學對物質的研究包含物質的組成和轉換，因此化學的關鍵概念也包含對物質的描述。另一方面，化學轉換和能量有關，因此化學的關鍵概念也包含對能量的認識。

物質三相

宇宙中任何有質量且占據空間的東西都是物質。物質構成了物質世界，看得到也摸得到。物質有三種狀態，稱為三態或三相：**固體**、**液體**和**氣體**：

固體：固體有固定的形狀和體積，因為構成固體的粒子，無論是原子或分子，都是透過強力的鍵結（共價鍵或離子鍵，見第64-65頁）緊密結合在一起，形成非常堅固的結構。如果結構具有重複的模式，就叫晶格。具有晶格的固體包含冰、食鹽、砂糖和石英。固體中的粒子並非完全靜止不動，而是在平常的位置上振動，但相對於其他粒子來說是固定不動的。

液體：固體加熱到熔點時會變成液體。處於液相的物質沒有固定的形狀，但有固定的體積，換句話說，液體仍有明確的形體或主體。在液體中，粒子間的鍵結或吸引力比氣體強，但比固體弱得多，所以粒子能夠移動。

氣體：液體加熱到沸點時會變成氣體。處於氣相的物質沒有明確的型態或體積。在氣體中，粒子間的吸引力非常

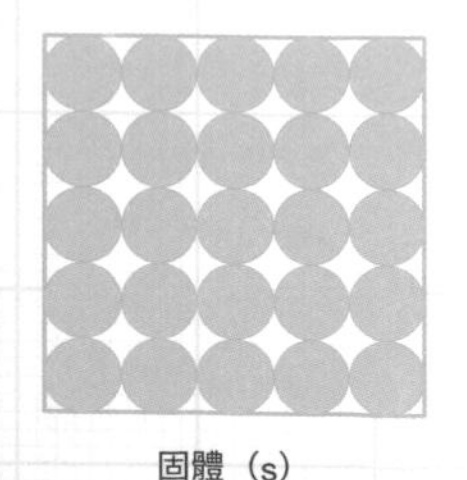

固體（s）

熔化
⇌
凝固

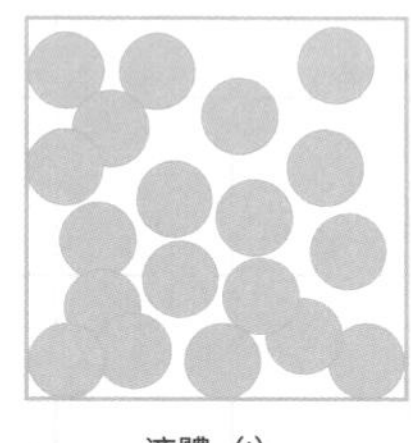

液體（l）

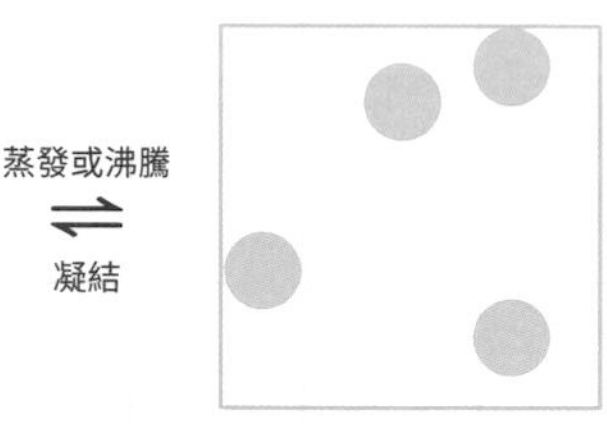

氣體（g）

弱，粒子可以自由移動，因此氣體會膨脹，直到填滿整個空間。

「熔化」和「沸騰」，分別代表物質從固體變為液體，以及從液體變為氣體的相變。相反方向的相變，從液體變為固體是「凝固」，從氣體變為液體則是「凝結」。有些物質會直接從固相變成氣相，叫做「昇華」。固態（冷凍）的二氧化碳叫乾冰，是物質昇華的實例。不過乾冰散發的白色霧狀蒸氣並不是無色無味的

冰塊（固態的水）中的粒子以重複的晶格型態結合在一起。

二氧化碳氣體，而是昇華的二氧化碳冷卻了周遭的空氣之後凝結出來的水蒸氣。

相變是粒子帶有的能量造成的。高能量會讓粒子打破固相的鍵結，變成液相或氣相。隨著物質冷卻，粒子失去能量，又會重新建立起粒子間的吸引力。

冷凍的二氧化碳俗稱乾冰，散發出的煙霧狀蒸氣經常被誤認為是二氧化碳氣體，但實際上是空氣裡凝結的水蒸氣。

物性

物質可能是純的，也可能是混合的。在混合物中，不同的物質以物理的方式結合，例如把粉筆灰和鹽混在一起，或是把鹽溶解在水中。純物質由單一的元素或化合物均勻組成（見第9頁）。純物質具有化學性質和物理性質，而這就是化學家研究的東西：

化學性質包含物質自身的反應性、有什麼物質會與它發生反應，以及影響該物質轉換為其他物質的因素。

物理性質包含質量、大小、體積、密度、顏色、傳導性等，都可用標準的度量單位來描述，例如公克、公尺（米）和公升。較小的單位則加上厘（代表百分之一）、毫（代表千分之一）等前綴詞。體積的計量單位是立方公尺（m^3）、立方公分（cm^3）、立方毫米（mm^3），或是公升（l）、毫升（ml）等。密度等於質量除以體積，所以通常以克／毫升（g/ml）為單位。

硫酸銅遇到火會發生有趣的反應。火焰的熱量會激發電子釋放能量，看起來像綠色的光子。

基本能量

能量和物質是組成宇宙的兩種基本成分。能量可以有不同的形式，而化學中最重要的形式是動能和位能：

動能是粒子運動的能量，決定粒子運動的速度和力，掌控物質的性質，例如相和反應性等。

位能是儲存在物質裡的能量，可以轉變成其他型態的能量。在化學中，最重要的是以化學鍵形式儲存的能量。打斷鍵結需要消耗能量，但也會釋放能量。除了核反應以外，能量是無法創造或消滅的，只能轉換成不同的形式。

位能可以轉換成動能。例如在甲烷分子中，原子間的鍵結裡儲存著位能。點燃甲烷時，原子的鍵結斷裂，以熱和光的形式釋放動能。

古希臘的自然哲學

大約在公元前5世紀，古希臘人對自然界有了新的思考方式。雖然更古老的文明（例如埃及和巴比倫）都有廣泛的化學實用經驗，從醫藥到冶金，但卻從未嘗試去研究並解釋自然現象。當有關物質組成的最早理論開始發展時，這點才開始改變。

元素的發展

古人雖會使用各種型態的金、銀、錫、鉛、銅、鐵、汞、銻、鈉、鈣、碳、硫和砷，但卻沒有將它們視為元素。在希臘人之前，都沒有人嘗試分析並解釋物質不同型態之間的差異。

米利都的泰利斯（Thales of Miletus，約公元前625-547年）是自然學家，最先開始利用自然界的證據來提出並回答有關物質本性的基礎問題。他是個半傳奇的人物，來自位於今日土耳其的一個希臘城邦。泰利斯是第一位從自然界探尋解釋的學者，而不是把所有現象都歸因於神。他還定義了一些通則，認為水是第一要素，是構成所有物質的基本元素。

米利都的泰利斯是希臘七賢之一，許多人視他為史上第一位「自然哲學家」。

接著，泰利斯的學生阿納西曼尼斯（Anaximenes）在公元前546-526年間飛黃騰達。他認為真正的基礎元素是氣，會透過凝結和稀釋（氣分子密度的增加和減少），變成土、火、水和其他各種形式的物質。艾費蘇斯的赫拉克利特（Heraclitus of Ephesus，約公元前500-475年）反對這項理論，認為自然界處於不斷變化的狀態，因此基本元素必須是可變動的，於是把火定義為第一要素。

最後，恩培多克勒（Empedocles，約公元前492-432年）提出，物質有四種基本形式：土、氣、火和水。由於亞里斯多德（Aristotle）採用了這套見解（見第30-31頁），因此「四元素」模型有超過2000年的時間都是公認的標準。你可以說，這四種元素對應了宇宙的現代模型，包含物質的三相（土 = 固體、水 = 液體、氣 = 氣體），再加上能量（= 火）。

由於亞里斯多德採用了這套見解，「四元素」模型有超過2000年時間都是公認的標準。

蒸氣動力

在氣動化學（氣體研究）的領域中，希臘的自然哲學家和發明家亞歷山大城的希洛（Hero of Alexandria，公元62-152年）遠遠超前了他的時代（見第56-57頁）。希洛最知名的發明是汽轉球（下圖），這是他利用水和蒸氣之間的相變製造出來的一種裝置。大汽鍋裡沸騰的水把蒸氣輸送到有兩個排氣孔的球體中，當壓力增加、把蒸氣逼出時，球體就會旋轉。這是最早的蒸氣引擎，這種技術以氣動化學為基礎，會在多年後帶動工業革命，從此改變世界。為什麼希洛的發明沒有在當代引發革命呢？應該是因為當時廣泛使用奴隸，所以並不需要節省勞力的設備。

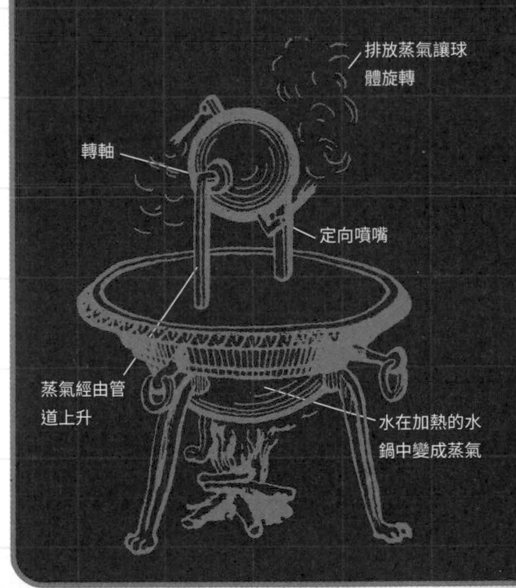

原子論的誕生

原子論是現代化學的基礎，說明物質由什麼組成，以及原子如何、為什麼會形成分子。現代的原子論出現於19世紀，但靈感卻是得自一個多半已遭遺忘的古老傳統——古希臘的原子學家。

看不見的粒子

伊利亞學派（Eleatics）的希臘哲學家認為，邏輯上不可能有「虛無」，所以粒子和粒子之間不可能有空隙，因此也就不會有單獨且不可分割的粒子存在。這種複雜的論點歸納出明顯不合理的結論，例如他們認為「改變」是不可能發生的。哲學家留基伯（Leucippus，公元前5世紀）和他的學生德謨克利特（Democritus，約公元前460-370年）則反對這種觀點，認為什麼都沒有的空間（也就是現在所謂的真空）是可以存在的，因此粒子也可能存在。

這些無法改變且不能分割的粒子叫做原子（atom），源自希臘文的atomos，意思是「不可切割」。換句話說，如果把一塊物質不斷切成更小塊，最後會變成無法再切割的最小單元，也就是無法

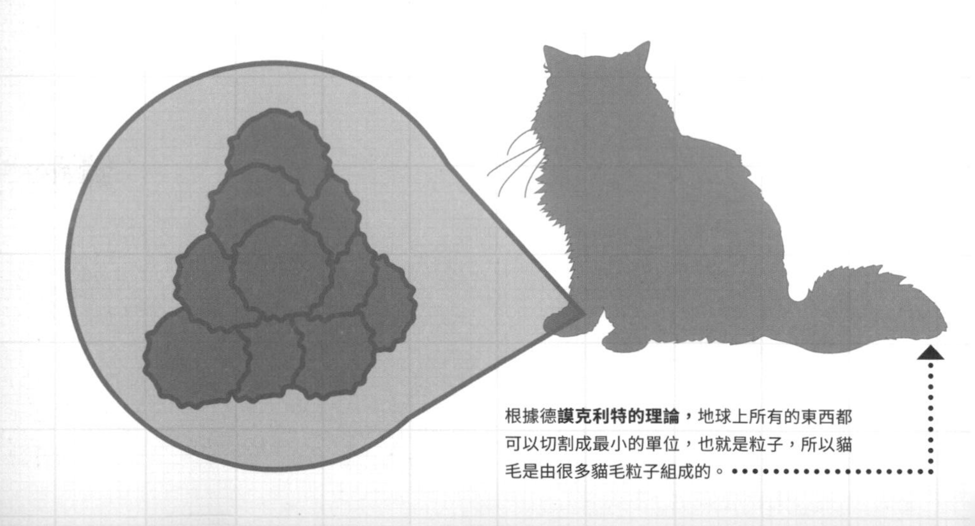

根據德**謨克利特的理論**，地球上所有的東西都可以切割成最小的單位，也就是粒子，所以貓毛是由很多貓毛粒子組成的。

再切割得更小的粒子。根據這種「原子論」，原子是固體，小到看不見，但它們有不同的形狀和大小，而且可以改變位置。根據德謨克利特的說法，原子透過不同的排列組合產生不同的材料，甚至產生不同的世界。

被拋棄的理論

留基伯、德謨克利特和他們後來的支持者被稱為原子學家，這些人似乎擁有驚人的先見之明，因為他們預料了關於原子、元素和宇宙學的現代思想。但他們的模型只是靠推測得來的，而不是以真正的科學方法（見第66-67頁）為基礎，因此包含了一些神祕或形而上的觀念，例如認為人類的靈魂也是由微小的圓球形原子所組成。

儘管原子論在古希臘也有支持者，但卻受到後來最有影響力的哲學家反對，例如柏拉圖和亞里斯多德，直到17和18世紀的科學革命才再次受到重視。德謨克利特對物質本質的看法是否能夠促進化學的形成和發展，我們已無從判定。但取代原子論的其他理論，尤其是亞里斯多德的見解，被認為是讓化學停滯長達2000年的原因。

依原則而生，為原則而死

雖然德謨克利特的理論沒有獲得支持，但他很幸運活到高齡。這或許要歸功於他個人的哲學：人生的目標就是要歡樂。所以後人稱他為「笑的哲學家」。本章中提到的其他古希臘哲學家就沒那麼幸運了。據說米利都的泰利斯因為研究星星研究得太專注而摔下了山，而赫拉克利特的結局可能是最離奇的……他基於自己的哲學原則而斷食，結果全身水腫。而為了排出這些「不好的體液」，他把自己埋在糞堆裡，從此再也沒有出來過。

原子論的倡議者**德謨克利特**，後人稱他為「笑的哲學家」。

簡介原子

在化學研究物質的尺度上，原子是最基本的組成物。原子結構決定了物質的性質和化學特性，而原子結構是由次原子粒子所組成。我們現在已經知道，德謨克利特和古代原子學家的觀念是錯的，原子不僅可以分割，實際上還有複雜的內部運作。

原子與元素

原子是元素的最小粒子。同一元素所有的原子都相同（同位素除外，見第132-133頁），但和其他元素的原子不同。每一種元素都有自己獨特的原子結構，決定了元素的種類並影響元素的性質。

次原子粒子

原子中有三種次原子粒子：質子、中子和電子。質子和中子遠大於電子，合起來超過原子質量的99.99%。質子數決定了原子序，而質子和中子的總和決定了質量數（關於原子序和原子質量的內容，詳見第98-99頁）。

這些次原子粒子帶有電荷：質子帶正電（+1）、電子帶負電（-1）、中子不帶電（0）。原子保持電中性，因為質子和電子的數量相等。如果原子失去或獲得電子，變成帶正電或帶負電，就會成為離子。

軌道模型

原子內部結構最簡單的模型是軌道模型，就像一個小型的太陽系。中心是原

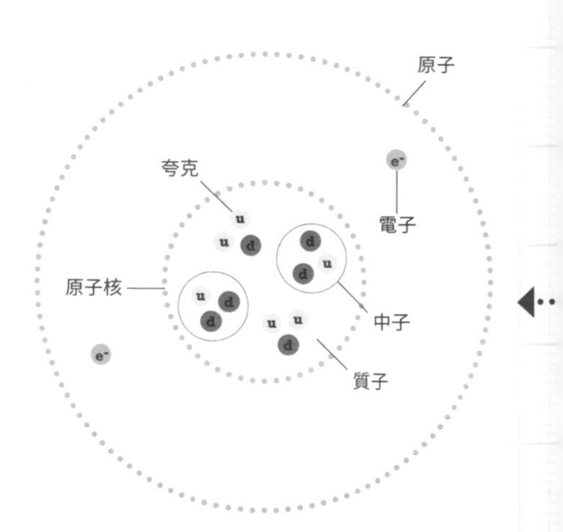

丹麥科學家尼爾斯・波耳（Niels Bohr）發展出的軌道原子模型：電子繞著原子核旋轉，質子和中子組成原子核，夸克組成質子和中子。

子核，裡面有質子和中子。電子圍繞著原子核，以不同的距離排列在軌道或殼層中。這些殼層代表不同的能階，最靠近原子核的殼層能階最低。電子可以從一個殼層移動到另一個殼層，但每個殼層的容納空間是固定的。這種安排決定了原子價（結合能力），原子價又決定了原子的化學性質（見第64-65頁）。

真實的狀況又更複雜些。科學家所看見的比較接近量子力學模型，無法同時知道電子的位置和動量。因此，電子占據的是空間範圍，叫做軌域或電子雲。

次原子動物園

次原子粒子種類非常多，統稱為「粒子動物園」，但除了質子、中子和電子以外，其他粒子並不會影響物質的化學性質。動物園裡有許多奇怪的物種，像是反粒子——粒子的鏡像，例如電子的反粒子是正子。到目前為止，已經發現超過200種次原子粒子，分為夸克、輕子（包含電子）和玻色子。

兩兩成對

在大半個化學史上，元素都無法分解成單一的原子。有些元素即使在最純的狀態下，原子間也喜歡相互結合。例如在裝滿了純氧的瓶子中，永遠也不會有單一的氧原子。氧元素以成對原子結合在一起的形式出現，成為「雙原子」分子。還有另外六種元素的行為也很類似：氫、氮、氟、氯、溴和碘。這種現象讓18和19世紀的化學家在計算原子序和原子質量時感到非常頭痛。

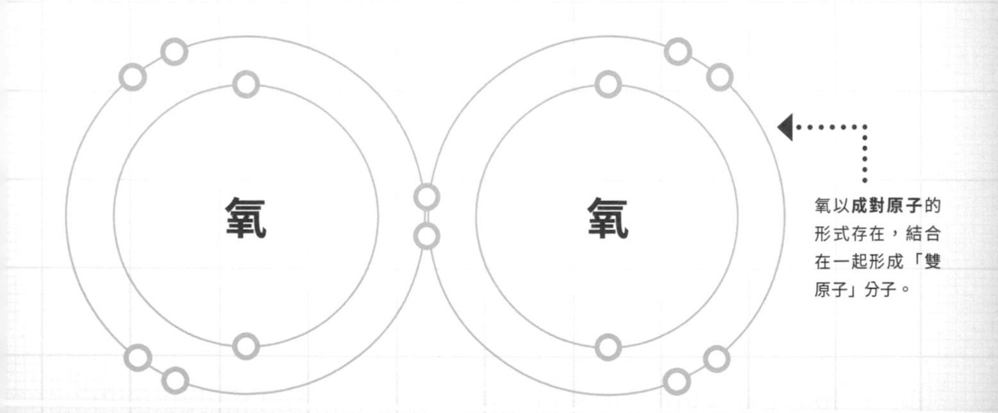

氧以**成對原子**的形式存在，結合在一起形成「雙原子」分子。

亞里斯多德 Aristotle

在古代到近代，亞里斯多德在科學史上的地位始終屹立不搖，他所提出的物質世界模型和元素理論，直到16世紀都公認為準則。亞里斯多德是柏拉圖（Plato）的學生，也是亞歷山大大帝的導師，可說是一位傳奇性的人物，但他在化學領域留給後世的遺澤，卻如同一把雙面刃。

學生與大師

亞里斯多德（公元前384-322年）出生於希臘北部的馬其頓。17歲那年，他前往雅典的學院向哲學家柏拉圖學習，並且表現優異。亞里斯多德一直在學院中待到柏拉圖去世，才到小亞細亞（今日土耳其的一部分）和希臘的萊斯沃斯島任職。這段期間，他致力於海洋生物學的研究，留下的成果一直要到近代才有人能與之匹敵。公元前342年，亞里斯多德接受馬其頓的菲力二世（Philip II）邀約，負責教導年輕的亞歷山大王子。

公元前335年亞歷山大登基時，亞里斯多德回到雅典，創立了自己的萊西姆（Lyceum）學院。不過雅典這座城市充滿了反馬其頓的氣氛。公元前323年亞歷山大去世時，亞里斯多德決定逃往加爾西斯（Chalkis），第二年在當地去世。

邏輯的假設

柏拉圖傾向於單純的思考，不喜歡物質世界的現實和觀察物質世界的做法，而亞里斯多德最重要的創新之一就是動手研究。然而，邏輯系統依舊是亞里斯多德哲學推論的中心，知識純粹是透過邏輯和理性思維獲得的。他確立了三段論的演繹邏輯系統。三段論是從兩個前提（命題）開始，推導出一個結論。但前提如果不正確，結論也會是錯的。這或許可以解釋亞里斯多德為何會以為宇宙是由五種元素構成的。

亞里斯多德接受了恩培多克勒（Empedocles）提出的地球四元素（見第25頁），並添加了第五元素——以太，用來解釋天體的運作。對亞里斯多德而言，元素原始的質，說明了物質世界裡的一切。土本來就比氣重，所以含有土元素比例較高的物質，本來就會掉落到亞里斯多德最重要的創新之一，就是願意動手研究某些領域。

氣物質的下方。含有較多火元素或水元素的物質，則分別具有「熱」或「潮溼」的特質，而這就說明了它們的化學性質。但從科學上來看，亞里斯多德誤把質當成了特性，正因為這根本上的錯誤，他的結論自然也就不正確。

他在其他領域也犯下了類似的錯誤，因為他並沒有透過觀察來支持他的邏輯。例如，他光靠推論就得到結論，認為大腦的功能是冷卻血液，而人體一側只有八根肋骨。如今看來，亞里斯多德會犯下這麼簡單的錯誤，例如認為女性的牙齒比男性少，簡直不可思議。

歷久不衰的影響

亞里斯多德的元素理論非常重要，因為在接下來的1900年中，它對自然哲學產生了巨大的影響，尤其是在歐洲地區。基於種種原因，他的邏輯和物理體系符合教會的理念，因此他的聲望和權威得以存續。到了中世紀（約公元1100-1453年），亞里斯多德已是經院哲學的焦點，這是歐洲知識分子的主流思考系統。在自然哲學的領域，包括化學這方面，他都被視為終極權威。

亞里斯多德曾教導**亞歷山大大帝**七年之久。

化學戰爭：希臘火

古代化學技術的傑出範例之一，就是讓拜占庭帝國屹立600年的祕密武器——神祕的「希臘火」。這種特殊化學武器的配方是歷史上保護得最嚴密的機密之一，而且不是沒理由的，因為它具有改變歷史的力量。

勝利的氣味

希臘火是一種像凝固汽油彈的易燃物質，拜占庭帝國（羅馬帝國東部的希臘語區）把它當成防禦武器使用。希臘火的技術是受到嚴格保護的機密，只有皇室和相關人員才知道，且至今仍然是一個謎。它最早是在公元678年用來對抗阿拉伯人。當時阿拉伯人已經征服了波斯人，威脅要進攻君士坦丁堡。雖然君士坦丁堡能夠抵抗陸軍，但阿拉伯船隊若取得海洋控制權，這座城市仍可能被迫投降。但阿拉伯人已經種下了自己失敗的種子。他們征服信奉基督教的敘利亞時，難民湧向君士坦丁堡的安全地帶。其中有一位名叫加利尼科斯（Kallinikos）的敘利亞裔希臘人，他帶來了一種祕密武器的配方，後來被稱為「希臘火」——有時也叫「液態火」或「海洋之火」。阿拉伯人的武器中本來就有以石油產品——例如瀝青或石腦油（一種易燃的油）——為原料的燃燒武器。事實上，羅馬人和

這是現存的少數幾幅描繪**希臘火**的古代圖像之一，出現在一份有插畫的手稿中。

波斯人應該本就認識某些形式的燃燒武器。但新型「希臘」火的獨特之處在於改良的成分，還有最關鍵的，是它向敵人噴灑可燃液體的裝置。

死亡液體

即使到了今日，希臘火的成分也只能推測，但通常認為含有硫磺、生石灰（氧化鈣）、液態石油，可能還有鎂（現代燃燒武器的成分之一）。鎂是很容易發生反應的金屬，甚至在水下也能燃燒，這是希臘火的特徵之一，也是這種武器如此可怕的原因之一。為了噴灑這種死亡液體，拜占庭人發明了一種巧妙的虹吸裝置。

希臘火的效果非常具有毀滅性。它在公元678年擊潰阿拉伯海軍，殺死成千上萬人，並且突破了封鎖，逼得阿拉伯人只能求和。阿拉伯人在公元717年再次進犯時，希臘火又發揮了關鍵作用，再次重創阿拉伯人。

接下來的300年裡，希臘火都是拜占庭帝國至關重要的防禦武器，但到了公元1204年，祕方卻失傳了。雖然還是有燃燒武器，但卻已經沒有像希臘火那麼強大的技術。帝國繼續奮戰了五個世紀，直到鄂圖曼土耳其人在1453年靠著火藥攻破了君士坦丁堡的城牆。

希臘火的技術是受到嚴格保護的機密，只有皇室和相關人員才知道，且至今仍然是一個謎。

神聖的祕密

為防止虹吸裝置落入敵人手中，希臘火是一種能少用就少用的武器。君士坦丁七世皇帝（Porphyrogennetos）在寫給兒子的信中強調，這個祕方連盟友也不能透露，他解釋：「成分是一位天使透露給第一位偉大的基督教皇帝君士坦丁的……〔他〕諭令應以文字和在教堂的聖壇上，詛咒那些膽敢把希臘火交給其他國家的人……。」

如果沒有神祕的希臘火，歐洲的版圖和世界歷史的發展方向可能會很不一樣。

2

煉金術與化學的誕生

古代遺留下來的化學知識，除了各式各樣的有形物質，也混合了長久以來學者都無法抗拒的神祕主義。就像飛蛾撲火一樣，在古典時代晚期、中世紀的伊斯蘭世界和歐洲文藝復興時期（14 至 17 世紀），化學都吸引了許多偉大的科學家。為了揭開宇宙的祕密，他們以新的方式研究自然，並朝向物質和物質間轉換的新科學發展。

煉金術的起源

公元前331年，亞歷山大大帝在埃及建立了亞歷山大城。結果它成為他新世界的代表，不同的種族、文化和傳統在此兼容並蓄、欣欣向榮。在亞歷山大城中，化學開始以煉金術的形式出現——是一門技藝而不是科學，但許多作法和觀念都已具備雛形。就像這座城市本身一樣，這種新的技術是個複雜的混合體。

神祕的智慧

在托勒密王朝（公元前305-30年）的亞歷山大城，希臘文化和古埃及傳統相互結合。幾千年來，埃及人所擁有的魔法、神祕主義和化學技術，例如防腐、玻璃製造和冶金學，隨著希臘的形而上學和亞里斯多德的宇宙學一同進入了這個大熔爐。

於是出現了奇怪的新混合物。煉金術採用了土、氣、火、水和以太這五種古典元素，並嘗試應用亞里斯多德的物質理論。如果像亞里斯多德所說的，元素的比例決定了物質的本性，那麼改變這些元素的比例，應該就會改變物質的本性。假設黃金的配方包含土、氣、火和水，那麼調整卑金屬，例如鉛的配方，變成和黃金相同的配方，應該就能把鉛

三度最偉大的赫密士（Hermes Trismegistus）

據說煉金術之父是「三度最偉大」的赫密士，他是個半神話的人物，是埃及智慧之神托特（Thoth）和希臘神祇赫密士（Hermes）的混合體。據說他撰寫了《赫密士文集》（*Hermetic Corpus*），後來所有的煉金術研究，都是在嘗試破解並重拾這份原創的智慧。

轉變成黃金。為了實現這種轉變，煉金術士使用埃及、希臘和羅馬技術中熟知的物質：金屬、金屬氧化物（包含赭石）和礦石，進行溶解、蒸餾和過濾等操作。

引導這些操作過程的是一些神祕的法則，尤其是「如其在上，如其在下」。這句話代表一種信念，也就是微觀世界——人和地球物質的「小」世界——能夠反映宏觀世界（或宇宙），包括恆星和天體。這項法則使人相信，微觀世界或地球領域裡的所有事物，都反映著宏觀世界或天體領域裡的一切。例如，七種已知的金屬元素都和天體有關：金連結太陽、銀連結月亮、銅連結金星，依此類推。同樣的道理，植物、寶石、星座、其他所有自然和人為的現象，都可以連結成一片網絡，可以用來影響煉金術士使用的物質。

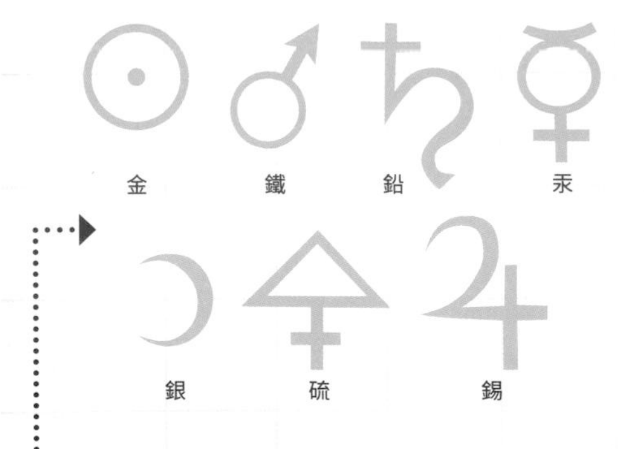

煉金術士用一套符號記錄他們的發現。直到18世紀，它們都被用來標記某些元素和化合物。

中國的煉金術

中國傳統的煉金術和西方的煉金術同樣古老。中國的煉金術士特別專注在延年益壽的丹藥，據說有些煉丹士發現了長生不老藥。除了致力於有助人體健康的「內服煉金術」，中國也進行「外用煉金術」，目的和西方差不多，都是為了製造黃金。火藥可能是煉金術研究的副產品，根據公元850年左右一本道教煉丹書的記載，這是一項爆炸性的發現：「有人把硝石、硫磺、木炭和蜂蜜一起加熱；冒出煙霧和火焰，燒傷了他們的手和臉，甚至把整個房子都燒毀了。」

不科學的煉金術

煉金術士深信這種神祕的智慧非常強大，不能讓外人知道，所以用符號和寓言故事來記錄相關的知識。這份機密性正好代表了煉金術不科學的一面。煉金術也很主觀，經常本身就屬於神祕主義——能不能得到良好的結果取決於許多變因，例如實驗者的靈魂的有多純淨，而物質則受到月相或恆星位置的影響。

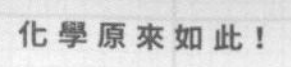

化學反應：基礎篇

煉金術士在追求物質轉變的過程中，犯了一個分類上的錯誤。他們誤以為自己在實現今日所謂的核遷變，也就是把一種元素轉換成另一種元素。實際上，他們只是在進行化學反應，也就是生成、破壞或改變化合物的過程，而化合物是元素以不同的方式鍵結組成的。

會發生什麼事？

在化學反應中，一種物質或多種物質的混合物會變成不同的物質。開始反應的物質叫反應物，反應結束後留下的物質叫產物（又稱生成物）。我們用化學方程式來呈現反應物和產物，箭頭則代表反應的方向，如下所示：

反應物A + 反應物B → 產物AB

生鏽就是化學反應的例子。鐵和氧結合，形成氧化鐵（鐵鏽），反應可以這樣寫：

鐵 + 氧 → 氧化鐵

再舉一個例子，是你點燃瓦斯爐的反應：

甲烷(g) + 氧(g) → 二氧化碳(g)

括號代表物質的相，例如氣體（g）、液體（l）或固體（s）。這裡所有的反應物和產物都是氣體。

以下是煉金術士可能嘗試過的反應——還原銀：

碳酸銀(s) ⟶（加熱）銀(l) + 二氧化碳(g) + 氧(g)

以下是公元9世紀中國煉金術士意外製造出火藥、讓他們嚇壞了的反應（見第37頁）：

硫(s) +
碳(s) +
硝酸鉀(s)
→
二氧化碳(g) +
硫化鉀(s) +
氮(g)

科學上不是用這種方式寫出物質名稱，而是採用以希臘文和科學記法為基礎的通用語言（見第94-95頁），以提高準確度並節省時間。

產生熱的反應叫放熱反應，而吸收能量的反應則叫吸熱反應。在這裡的範例中，燃燒甲烷和火藥都會放熱，而還原銀則會吸熱。有些反應是自發的，例如金屬在空氣或水中生鏽。但許多反應（包括放熱反應）都需要在開始的時候加入能量，也就是「活化能」。一旦提供了活化能，放熱反應就會產生足夠的能量，繼續維持反應進行。

平衡

化學有一個重要的原則：物質無法被創造或破壞（核反應除外），也就是所謂的「物質守恆定律」。這表示在反應方程式的兩側，原子數量必須相同。寫方程式時，必須確保兩邊平衡，這是化學記法非常實用的地方（見第110-111頁）。

反應類型

化合反應：兩種或多種反應物結合，產生單一產物。

分解反應：單一反應物分解，產生兩種或多種產物（與化合反應剛好相反）。

置換反應：活性較高的元素，取代化合物中活性較低的元素。金屬尤其具有反應的先後順序：鹼金屬（例如鈉和鎂）反應最快，接著是鋁和鋅，最後是反應最慢的銅、銀和金。如果把鋅加到溶於水的銀鹽溶液中，鋅會取代銀，產生金屬銀的沉澱。如果接著把鋁加到溶液中，鋅就會被置換出來並沉澱。

燃燒反應：化合物和氧結合的反應。燃燒是「氧化還原」反應的常見範例。在氧化還原反應中，反應物之間會交換電子（見第90-91頁）。生鏽（最左圖所示）則是另一種氧化還原反應的例子。

中世紀伊斯蘭世界的化學

下一階段的化學發展發生在中東，也就是中世紀的伊斯蘭世界。在知識活動的黃金時代，煉金術領域的一系列名人創造出新的原理、完善的技術和工藝，並保存和積累大量的知識，對後來歐洲的文藝復興產生深遠的影響。

學習中心

長久以來，波斯（今日伊朗）一直是學術的中心，匯集東西方的思想和影響力。這要歸功於絲路，這條古老的貿易路線連接了中國和地中海。在古典時代晚期，被趕出拜占庭帝國的基督教學者為這個區域帶來了大量的古典知識，建立起神學院和醫學院。

公元7世紀，伊斯蘭統治者為這個地區帶來了迅速而戲劇性的變化。在公元8至11世紀的阿拔斯哈里發王朝統治時期，學術在伊斯蘭世界蓬勃發展。古希臘文學、印度和中國的重要著作都被翻譯成阿拉伯文。伊斯蘭帝國各地和其他地方的學者都聚集到阿拔斯王朝的首都巴格達，這裡有「智慧之家」之類的機構，鼓勵各種數學、天文學、醫學、化學、動物學、地理學、煉金術和占星術研究。由於識字率高且開始使用紙張，學術研究快速增長。

公元13世紀的插圖，描繪學者在**阿拔斯圖書館**學習的情形。

從既有的思想出發

歐洲的羅馬帝國瓦解後，大多數的古代典籍都遺失了。但伊斯蘭世界讓古典學術存續下去，並且進一步發展。伊斯蘭的煉金術士參考經典資料，例如亞里斯多德和他的元素、醫師蓋倫（Galen）和他的「四種體液」理論（認為健康取決於四種體液的平衡），還有中國和印度煉金術士的著作等。

第一位名人是「伊斯蘭煉金術之父」賈比爾・本・哈揚（Jabir ibn Hayyan，約公元721-815年，見第42-43頁）。他的後繼者是波斯醫師拉齊（Al-Razi，約公元865-925年），他的著作具有革命性，因為他開始研究科學的哲學。拉齊更希望研究單獨的物質，相信實際觀察到的情況而不是理論。他的著作《祕密的祕密》（*The Secret of Secrets*）成為歐洲煉金術士的聖經（見右欄）。

繼拉齊之後，阿布・阿里・伊本・西那（Abu Ali ibn Sina，公元980-1037年）專攻煉金醫學。他進一步開發蓋倫的四種體液理論，並對歐洲文藝復興初期的第一批學者造成了重要的影響。

祕密的祕密

《祕密的祕密》幾乎像是一本操作手冊，其中有一節描述伊斯蘭煉金術士所掌握的各種奇特玻璃器皿，且這些玻璃器皿一直到19世紀都是化學實驗室的標準配備。在書中的最後一部分，拉齊試圖對物質進行分類，此舉或許可以被視為元素週期表的開端。賈比爾認為所有的金屬都是由硫和汞構成的，而拉齊則加入了第三種成分：鹽。這項理論深深影響了帕拉塞爾蘇斯（Paracelsus，見第52-53頁）。

《祕密的祕密》中的一頁，附有一張判定人是否會死亡的圖表。

賈比爾·本·哈揚
Jabir ibn Hayyan

賈比爾・本・哈揚是伊斯蘭煉金術中的第一位大人物，但他的成就並不侷限於這個領域。他大膽修改了化學的經典模型，深深影響了後來的煉金術士。但更重要的是，他改進了操作和實驗方法，還發現了新物質、掌握了新技術、發展了化學知識。

要素與金屬

賈比爾是從實際面開始接觸煉金術的，因為他曾經當過藥劑師——也就是中世紀的配藥師。但他以一種全面性的眼光看待學術，認為煉金術只是自然哲學的一部分。

賈比爾從煉金術書籍《翠玉錄》（*Emerald Tablet*，據說作者是三度最偉大的赫密士，見第36頁）和亞里斯多德的元素理論中汲取靈感，然後加入新的觀點。他認為亞里斯多德的元素由四種「要素」（質）所構成：熱、冷、乾、溼。把這些質兩兩組合，就構成了地球四元素，例如熱+乾=火。

他特別專注研究金屬的本質，認為金屬都是由硫和汞元素構成的。這兩種元素的比例決定了金屬的性質，而只要達到完美的平衡，就會產生黃金。賈比爾堅信能夠找到把鉛轉化為黃金的方法：先把鉛分解成硫和汞，去除雜質後，再用新的比例重新組合起來。要實現這個目標，他必須使用某種物質，在過程中發揮作用，但自身不會改變——這就是今日所謂的催化劑。

實用的解決方案

賈比爾最大的貢獻是在應用化學領域。他改善了玻璃製作、金屬精煉、

捲入政治鬥爭

賈比爾在一個豐富多采的時代裡度過了豐富多采的一生，因為他生活的年代恰好是《一千零一夜》中的傳奇統治者哈倫·拉希德（Harun al-Rashid）哈里發（阿拉伯帝國最高統治者的稱號）在位期間。賈比爾出生於波斯（今日伊朗），但有阿拉伯血統，打從一開始就身陷哈里發權力政治的危險世界。他的父親因密謀推翻伊斯蘭世界的第一個王朝倭馬亞（Umayyad）哈里發而被處決。賈比爾本人和哈倫的大臣賈法爾（Jafar）關係密切，因此命運也隨著他這位資助者起伏。賈法爾失寵而被處決時，賈比爾被迫逃離巴格達，退隱到鄉下度過餘生，並寫下巨著《完美的總和》（*Sum of Perfection*），是幾百本被掛上賈比爾之名的書籍之一。

哈倫·拉希德召見查理曼派遣的代表團。

染料和墨水製造，例如他用黃鐵礦（愚人金，如左圖所示）開發出一種墨水，可用來為手稿進行泥金裝飾。他還發明了一種新的酸：王水（右圖）。現在已知王水是鹽酸和硝酸的混合物，可以溶解黃金，但如果只用單一種酸，就無法溶解黃金。

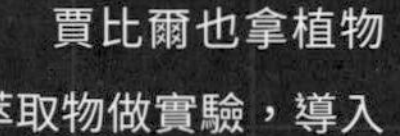

賈比爾也拿植物萃取物做實驗，導入了有機物質，但當時的哲學家並不認為有機和無機的世界有什麼清楚的分界。賈比爾也合成新的化合物，試圖發現甚至創造新的物種。也許最難能可貴的是，賈比爾有條不紊地記錄了他的實驗，清楚描述材料、設備、技術和結果。這不僅是科學方法的前身，也代表他的成果可供後世的煉金術士參考。

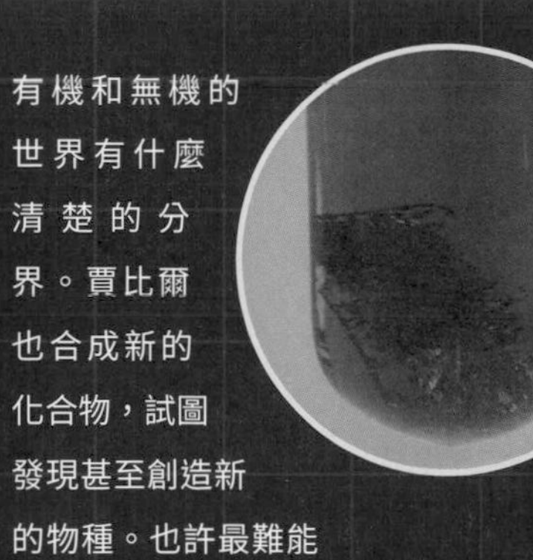

催化劑與動力學

賈比爾運用催化劑，在化學領域開啟了重要的新篇章。想了解催化劑，首先要知道動力學：對反應速率的研究。動力學檢視反應進行的速率以及影響速率的因子，而催化劑就是其中一個因子。另一種因子則是溫度，影響反應粒子運動的速度，進一步影響粒子碰撞的機率。

在碰撞理論中，粒子以足夠的力量碰撞時，會產生化學反應。在（a）圖中，碰撞太弱，所以反應物粒子只是彈開，沒有變化。在（b）圖中，碰撞夠強，所以發生反應。

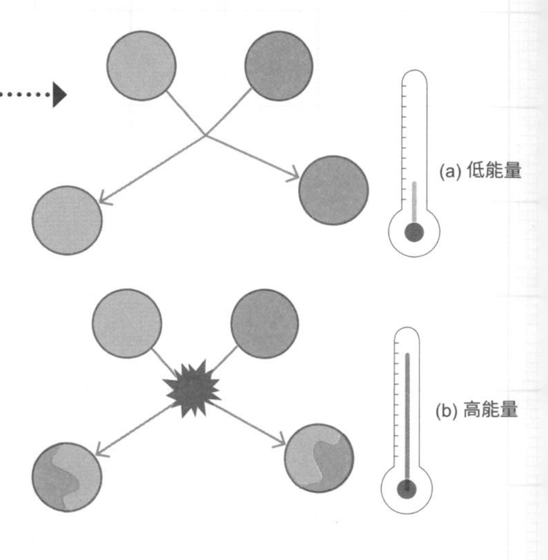

碰撞理論

要描述反應如何發生，最簡單的模型就是碰撞理論。根據這個模型，組成反應物的原子和／或分子就像撞球桌上快速移動的撞球。運動的粒子具有動能。要讓反應發生，粒子必須運動得夠快（具有足夠的動能），才能以足夠的力道碰撞、打斷原有的化學鍵，並將能量轉換成新的化學鍵。分子碰撞引發化學反應所需的最小能量叫活化能。除了要有足夠的能量，發生反應的粒子可能也必須在正確的反應位置碰撞，才會發生反應。

加熱

一種物質或混合物的溫度，可用來代表組成粒子的平均動能。加熱會提高物質的溫度，讓熱能轉換為動能，提高粒子的平均動能。換句話說，提高溫度會使粒子擁有更多的能量，於是加快運動速度，增加發生碰撞的可能。

提高反應速率的另一種方法是增加反應物的濃度。在大小固定的空間中，反應粒子愈多，碰撞的機會就愈大，而碰撞次數愈多，發生反應的可能性就愈大。

小幫手

催化劑可以提升化學反應速率，但在反應結束時，本身仍然保持不變。只要有一丁點催化劑，就可以產生巨大的效果。請務必注意，催化劑不會增加終產物的量，也不會改變反應平衡式。催化劑可以分成兩種：

不勻相催化劑：

催化劑和反應物是不同的相，通常催化劑是固體，而反應物是氣體或液體。這種催化劑會捉住其中一種反應物，讓粒子的反應位置外露，增加另一種反應粒子碰撞正確反應位置的可能性，成功促使反應發生。

勻相催化劑：

催化劑和反應物是相同的相。這種催化劑通常會提供另一種反應途徑，降低所需的活化能，且在動力學方面更為迅速。一般而言，催化劑會在新的反應途徑中形成過渡態的中間產物，然後再脫離反應物，回到原來的狀態。

舉例來說，AB是反應物，A和B是產物，C是催化劑，反應途徑如下所示：

C + AB → CAB → CA + B → C + A + B

用更簡單的方程式來表示：

C + AB → C + A + B

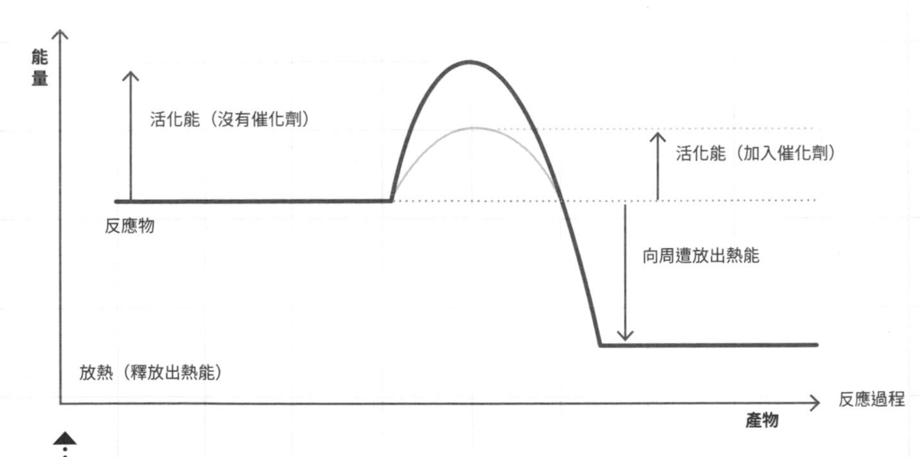

加入催化劑後，只需要較低的能量就能形成中間產物，於是改變了反應途徑，降低引發反應所需的活化能。

毒藥與下毒者

在賈比爾的眾多著作中，有一本《毒藥之書》（*Kitab al-sumum*），是毒理學方面非常重要的著作。在毒藥的使用和治療方面，賈比爾和伊斯蘭世界的其他早期化學家協助把累積下來的大量知識和操作經驗傳到中世紀的歐洲，這是化學領域中較為黑暗的一面。

致命的砷

人類和化學物質之間的關係向來是一條雙向道——人類長期使用化學物質，但也受化學物質影響。當某種化學物質有可能損害生物時，就稱為毒（toxin，源自希臘文toxicon，指用在箭尖的毒藥）。把取自植物、動物或礦物的化學物質拿來做成毒藥，已有好幾千年的歷史。最早的中毒案例應該是冰人奧茨（Ötzi），他冰凍的屍體在他死亡5000年後於義大利的冰川中被發現。分析他的頭髮後發現，他生前有慢性砷中毒，大概是冶煉受砷毒素汙染的銅礦石所致。

直到公元1250年，煉金術士艾爾伯圖斯．麥格努斯（Albertus Magnus，約公元1200-1280年）才把砷定義為一種元素，但此前好幾千年，人類就已經知道砷礦石的存在。古代的羅馬人、印度人和中國人都知道用砷化合物來當毒藥或藥物的效力。羅馬人知道如何製作劇毒的鹽——亞砷酸鈉。事實上，古羅馬還一度很流行用砷謀殺人。

在約翰．柯里爾（John Collier）這幅公元1893年的畫作中，惡名昭彰的下毒者切薩雷．波吉亞（Cesare Borgia）為客人倒葡萄酒。切薩雷似乎是因為**誤飲了自己的毒酒而死亡的**。

但用毒的黃金時代（有時又稱為砷的時代）是義大利的文藝復興時期，當時煉金術士對砷化合物的專業知識遭到廣泛的濫用。15世紀末葉最惡名昭彰的下毒者是波吉亞家族，他們會邀請敵人到家裡吃晚餐，然後讓他們享用加了砷的菜餚。然而，教皇亞歷山大和他的兒子切薩雷·波吉亞（Cesare Borgia）據說也自作自受，不小心喝了自己準備的毒酒。

醋的療方

在美索不達米亞的蘇美人和阿卡德人文明中，古老的文獻記載了關於毒藥的知識，並強調可以用醋來解毒，這種做法持續了好幾千年。現在已知醋裡面的乙酸能有效打斷結合毒藥分子的化學鍵，把毒藥分解成毒性較小的成分。

販賣謀殺工具

在接下來的兩個世紀裡，下毒變得非常流行。在17世紀的羅馬，著名的女巫希耶羅妮瑪·史帕拉（Hieronyma Spara）為一些年輕的妻子提供含砷的啤酒（義大利文叫Aquetta di Perugia），用來謀殺她們的丈夫，最後遭到處決。不久，另一個下毒人——那不勒斯的朱莉婭·托法娜（Giulia Tofana）——開始銷售托法娜仙液（Aqua Tofana），只需要四滴，就可以永久擺脫討厭的親戚。這類毒藥在法國叫「遺產藥粉」（poudre de succession），因為可以讓下毒的人提早得到遺產。

雖然早期的化學家因為調製與提供毒素而名聲不佳，但毒藥的研究也帶來了科學上重要的發展。醫師和煉金術士——包括帕拉塞爾蘇斯（Paracelsus，見第52-53頁）——將特定化學物質對人體的特定作用連上關係，釐清重要的毒理學概念，例如化學物質的量和人體反應之間的關聯。透過製造、分離和分析毒物，文藝復興時期的早期科學家協助奠定了分析化學的基礎，這是化學的一個分支，主要是檢測和鑑定化學物質。

最早的中毒案例大概是冰人奧茨，他冰凍的屍體在他死亡5000年後於義大利的冰川中被發現。

文藝復興時期的煉金術

當伊斯蘭學者把古典知識帶到歐洲時，煉金術就成了想了解宇宙背後隱藏原理的人最主要的追尋。中世紀晚期和近代早期的歐洲學者都亟欲閱讀他們所謂的「大自然之書」。對他們而言，煉金術似乎就是解讀這份偉大智慧的金鑰。

魔法與邏輯

煉金術可以從許多不同的層面來理解。它最明顯的目標就是要把卑金屬變成黃金，煉金術士都希望能用一種叫「賢者之石」的神話物質來實現這個目標。基本上，「賢者之石」是一種神奇的催化劑，具有許多種力量，而一些如《翠玉錄》之類的煉金書也有用隱晦的語言描述它的製作方法。

煉金術士的實驗室。

從現代科學的角度來看，這種神奇的物質只是江湖術士的幻想。確實，許多煉金術士都是貪婪的傻子，或者是詐騙高手，企圖從愚昧的顧客那裡騙錢。這些人讓煉金術聲名狼籍，以至於有一段時間，國王和教皇都禁止煉金術。

不過那個時代最偉大的學者也鑽研煉金術。煉金術似乎能提供一套合理的系統，助人發現大自然的奧妙，而那些我們視為魔法的東西，在當時其實被視為一種技術——也就是運用知識來控制大自然。煉金術背後的動機，基本上和創造出科學的動機是同一個——認為透過實驗來探究自然，能讓人類了解並掌握自然。

成果豐碩的探尋

在尋找「賢者之石」的過程裡，文藝復興時期的煉金術士有了許多重要的發現。例如在公元1250年，艾爾伯圖斯．麥格努斯分離出砷，而他的學生羅傑．培根（Roger Bacon，約公元1214-1292年）可能發明了黑火藥。培根還提出，實驗是發現大自然真相的最佳方法，啟發了後來的學者，例如羅伯特．波以耳（Robert Boyle，見第62-63頁）。

科學家與哲學家羅傑．培根被稱為**「神奇醫生」**，他可能還發明過一種火藥。

14世紀有一位煉金術士用「賈伯」（Geber）的筆名寫作，而「賈伯」正好是「賈比爾」的歐洲寫法（見第42-43頁）。「賈伯」的重大發現包括硫酸和硝強水。硫酸可說是自從冶鐵技術問世以來最重要的化學進展，而硝強水則是強硝酸。這些重要工具後來讓人得以從化合物中分離出各種元素。

在此同時，為了尋找長生不老藥（另一種可治百病並讓人永生的神話物質）則促成了醫學煉金術的突破，例如帕拉塞爾蘇斯（Paracelsus，見第52-53頁）的發現。維拉諾瓦的阿諾德醫師（Arnold of Villanova，約公元1238-1310年）認為葡萄吸收了太陽的精華，也就是吸收了黃金的精華，於是蒸餾酒來製造「生命之水」——幾乎是純酒精，也是後世化學家的另一種重要工具。酒精和強酸一樣，可以溶解某些不溶於水的物質。

「若沒有賢者之石，化學就不會是今天的模樣。為了發現這種不存在的東西，需要徹底搜索並分析地球上已知的各種物質。」

——尤斯圖斯．馮．李比希

溶劑與溶液

對煉金術士來說，溶解物質的過程幾乎就像魔法一樣。只要使用正確的液體，幾乎所有物質都可以消失，或是看起來消失了。接著再經過蒸發、冷凝或沉澱，又可以回收原來的物質或新的物質。當然，核心的過程我們現在已經十分了解，是化學的基本概念之一。

什麼是溶液？

溶液是均勻的混合物。換句話說，就是整體性質都很一致的混合物。溶液和懸浮液不同，在懸浮液中，有一種物質顆粒漂浮在另一種物質中，可以經由過濾去除。溶液是由溶劑和一種或多種溶質組成，通常溶劑占了大部分的比例。

溶劑通常是液體，而溶質可以是任何相：氣體、液體或固體，但也有氣態和固態的溶液。氣體可以均勻混合，空氣就是一個很好的例子。在海平面的任何地方，取樣分析空氣中的氣體比例，都會得到相同的結果。大氣組成中，大部分是氮氣，因此可視為溶劑，而氧氣、二氧化碳等則是溶質。固態溶液包括金屬合金，例如青銅是錫溶解在銅溶劑中的固態溶液。

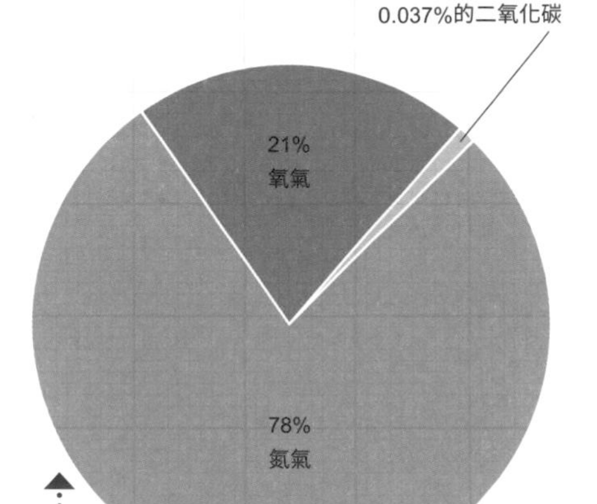

地球的**大氣**組成。

同性互溶

水是最廣為人知且最常見的溶劑，但並非所有物質都會溶於水。控制溶解度的原理是「同性互溶」，其中「同性」指的是極性。極性是某些分子所帶有的電性，因原子間的鍵結方式而形成。

例如在水分子中，兩個氫原子連接到一個氧原子上，電子分布不均勻，因此氧原子帶有部分負電荷，而氫原子則帶有部分正電荷。最後的結果是：分子本身帶有一個負極和一個正極，就像一個小型磁鐵，叫做偶極。由於水帶有極性，能溶解其他帶有極性的溶質，例如鹽、糖和醇。但非極性的溶質，例如油，就不會溶於水，但會溶於非極性的溶劑中，例如橄欖油可溶於石油。

溶解度與飽和度

能夠溶解在溶劑中的最大溶質量，叫做「溶解度」，通常以每100毫升的溶劑中含有多少克的溶質（g/100 ml）來表示。若是固體，溶解度會隨著溫度升高而增加，例如熱茶能比冰茶溶解更多的糖。但若是溶解在液體中的氣體，則剛好相反：溫度愈高，能溶解的氣體愈少。當已溶解的溶質量達到最大值時，就稱為「飽和」溶液。有時候，溶解的溶質量也可能超過最大值，在這種情況下，則稱為「過飽和」溶液。

溶液的濃度代表有多少溶質溶解其中。濃度的單位包括：

莫耳濃度：每公升溶液中，溶質的莫耳數（有關莫耳的解釋，請見第102-103頁）。

百萬分之一（或十億分之一）：通常用在氣體溶液。

百分比：可透過重量、體積或兩者結合來決定。例如重量100 g、濃度為10%的鹽溶液中，含有10 g的鹽。

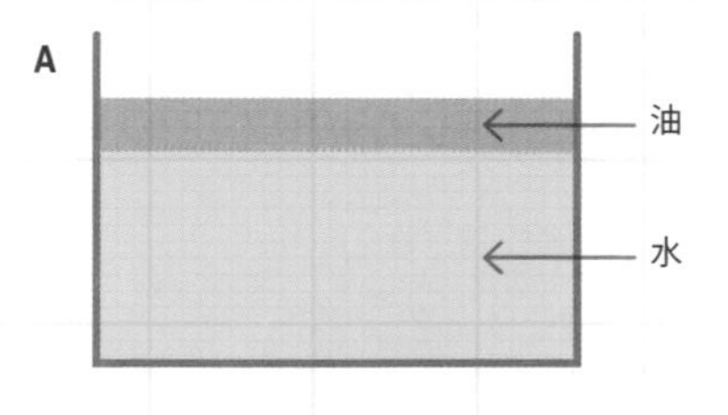

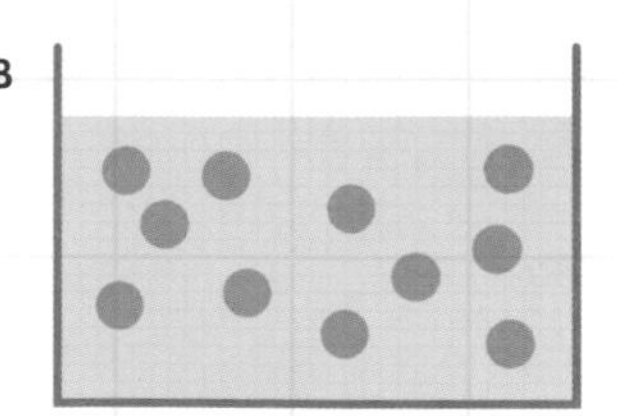

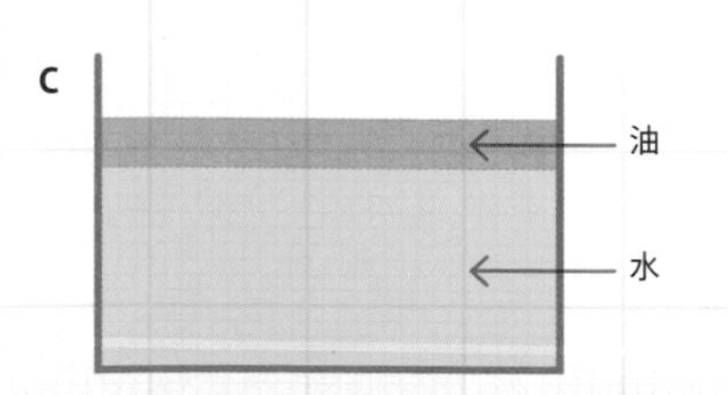

油不溶於水（A）。如果將兩者混合在一起（B），然後靜置，則會在表面形成一層浮油（C）。

帕拉塞爾蘇斯 Paracelsus

15世紀有一位人稱「帕拉塞爾蘇斯」的醫師和煉金術士，是當時較有趣且較具爭議性的人物之一。他讓化學有了重大的進展，尤其是在藥物化學的領域。同樣重要的是，他有話直說的態度協助自然哲學家擺脫了傳統的束縛，開啟了探索和科學研究的新方法。

流浪學者

飛利浦斯．奧瑞歐勒斯．希歐佛斯塔斯．邦巴斯特斯．馮．歐亨海墨（Philippus Aureolus Theophrastus Bombastus von Hohenheim）在1493年出生於瑞士，是一位醫生的兒子。他在一家專門為附近的銀礦場培訓工程師的學校受教育，因此在礦物學和冶金學方面有堅實的基礎。後來他成為一個旅行學者，在奧地利的維也納大學等地學醫，接著成為軍醫。傳說他在埃及、阿拉伯和聖地接受過神祕主義者、煉金術士和醫生的訓練。

後來他回到巴塞爾，替印刷廠的弗羅貝治好了腿部感染（其他醫生都建議截肢）。他因此聲名大噪，被正式任命為城市醫師，不過他擔任這份工作的時間並不長。他不但公開燒毀偉大的醫生加倫（Galen）和阿威森那（Avicenna）的著作，還自稱帕拉塞爾蘇斯，意思是他已經「超越了塞爾蘇斯」這位重要的羅馬醫學作家。

在歐洲旅行工作多年後，他於1541年回到家鄉，接受任命為巴伐利亞公爵的醫師，並於同年去世。

挑戰權威

帕拉塞爾蘇斯主要是以大膽的醫學新方法聞名——尤其是把化學知識引入醫學。他知道特定的化學物質有特定的效果，而效果取決於劑量。他發明了梅毒的汞療法，並把麻醉用的乙醚和調製過

的鴉片酊描述成一般止痛藥和萬能藥。更廣泛來說，後人認為他協助煉金術踏上了化學之路。他提出了一種新的物質理論，認為所有物質都是由硫磺、汞和鹽所組成，即三元素（tria prima），代表可燃性、液性和固性。他甚至設計出原始的化學物質科學命名系統，試圖根據物質的化學性質將它們分類。

但他留給後世哲學家的真正遺產，也許是他樂於挑戰公認智慧的態度。帕拉塞爾蘇斯公然抨擊經院派思想——也就是以亞里斯多德、邏輯和權威為基礎的主流教學方法，為後代鋪路。

「煉金術是一門藝術，可以把東西轉化成它最終的本質，藉此區分有用和沒用的東西……〔它〕說明了所有四個元素的性質——也就是整個宇宙的性質。」

——帕拉塞爾蘇斯

創造人的配方

帕拉塞爾蘇斯比較不尋常的主張之一，是他已經成功創造出一種矮人或「小人」——也就是人造人。根據他所寫的配方，如果把精子「密封在玻璃杯中，埋在馬糞裡40天，並經過適當的磁化處理，它就會開始活動。經過這段時間，它會具有人類一般的形態和樣貌，不過是透明的，而且沒有身體。」如果用血液的萃取物去餵養，它就會變成一個很小的人類孩子，可以正常撫養。

歌德的《浮士德》插圖中，有個學生在煉金術實驗室裡試圖創造自己的**矮人**。

度量衡

帕拉塞爾蘇斯有句名言：「所有的物質都是毒藥……只有在劑量正確時才沒有毒。」他指出了現代毒理學家所謂的「劑量反應關係」，是最早領悟到正確測量事物有多重要的人之一。在即將誕生的新化學領域，這件事儘管最不有趣，卻是最重要的要素之一。

質不等於量

亞里斯多德的自然哲學強調的大半是「質」，也就是探討種類、分類、品質和本質。雖然煉金術導入了一些「量」的思維，例如煉金術手稿的配方中偶爾會出現數量的說明，但仍是以質為主。煉金術士重視物質的特性，而不是物質精確的量。但化學是一門非常重視「量」的科學，尤其在尋找新化合物和新元素時。如果沒有精確測量反應物，後來的化學家就無法妥善了解產物的特性。對於新測量方法的需求，可以追溯到幾位重要人物身上。

庫薩的尼古拉（Nicholas of Cusa，公元1401-1464年）是神學家與自然哲學家，他認為只有透過數學才能了解事物的真實性質。尼古拉將這種原理應用在實驗上。他在不同的時間替同一個羊毛球秤重，發現羊毛球的重量會隨著它吸收空氣中水分的多寡而不同，因此可用

新的公斤？

自1889年起，1公斤的正式定義就是一個高爾夫球大小的鉑銥圓柱，鎖在法國塞弗爾（Sèvres）的一個保險箱裡，名叫「國際公斤原器」（International Prototype Kilogramme，簡稱IPK）。不幸的是，隨著時間流逝，國際公斤原器的質量不斷減少，準確度也跟著下降。不過計量學家已經開發出測量公斤的新方法：精確計算1公斤矽裡的原子數。最後這種方法可能會取代原來的圓柱。

來做為測量大氣溼度的儀器。尼古拉利用重量來測量容器中水的體積，因此得以估計出非常精確的π值。最有名的是，尼古拉以前所未有的準確度替花盆裡的植物秤重，證明植物的重量在增加，就算只是非常微小的重量。這是第一次有人認知到植物會從空氣中吸收某些東西，而空氣本身也具有重量。

客觀的測量

伽利略（Galileo Galilei，公元1564-1642年）也強調過測量這件事，區分可以客觀測量的「初性」——也就是能透過實驗來證明的客觀事實，以及主觀感知的「次性」。這種區別對於新興的科學方法非常重要（見第66-67頁）。哲學家法蘭西斯．培根（1561-1626年）曾警告：「上帝禁止我們用自己想像出來的夢境，決定世界的格局。」

精密儀器

有些人認為，現代科學的中心地是位於今日比利時的魯汶（Louvain）。數學家與天文學家赫馬．弗里修斯（Gemma Frisius，公元1508-1555年）和他的學生傑拉德．麥卡托（Gerard Mercator，公元1512-1594年）就是在這裡開始製作科學測量和繪製地圖的工具。雖然學術機構依舊瞧不起這些俗氣的「技工」，但魯汶的儀器卻讓自然哲學家得以頭一次實際測量世界，而不是依照古代文獻的說法。和書商以及貿易商建立起關係後，魯汶的工作坊開始進行國際貿易，供應望遠鏡、顯微鏡、天平和秤子——事實上也就是科學革命的儀器。

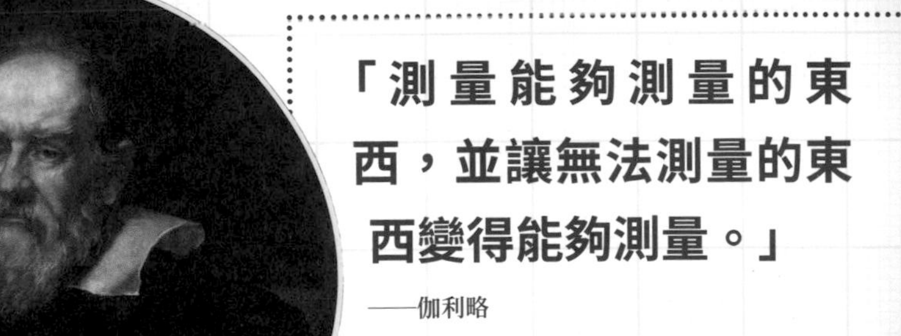

「測量能夠測量的東西，並讓無法測量的東西變得能夠測量。」

——伽利略

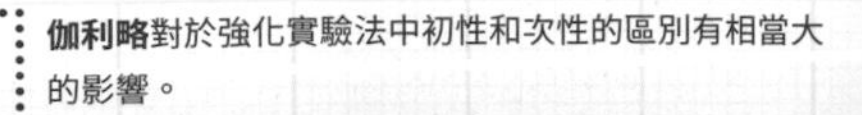

伽利略對於強化實驗法中初性和次性的區別有相當大的影響。

氣動化學

庫薩的尼古拉透過對空氣的實驗，開啟了化學的全新篇章——氣體力學（pneumatics，源自希臘文的pneuma——「呼吸」之意）。雖然煉金術士已經觀察到從坩堝和燒瓶中冒出的蒸氣和氣體，但他們並不關心氣體的世界。這種現象馬上就會改變，且對化學這門新科學造成重大的影響。

聚光燈下的氣體

1727年，英國科學家史蒂芬·黑爾斯（Stephen Hales，1677-1761年）在他氣體力學的開創性研究中提出，應把氣體視為化學元素之一，雖然到當時為止大家都認為不是。在化學的世界裡，煉金術士和自然哲學家都忽視並誤解了氣體，認為所有的「氣體」都是虛無飄渺且不可知的。

但到了17世紀，這種情況開始改變。首先是揚·巴普蒂斯塔·范·海爾蒙特（Jan Baptista van Helmont，見第58-59頁）的成果，接著是一系列戲劇性的實驗，證明了真空的存在。其中最早的是埃萬傑利斯塔·托里切利（Evangelista Torricelli，1608-1647年，左下）在1644年進行的氣壓計實驗。

托里切利在玻璃管中裝滿水銀，然後用手指按住開口，把玻璃管上下顛倒，並把開口的地方放進水銀槽中。移開手指時，管內的水銀柱下降了一些就停住了。托里切利堅信，玻璃管頂部的空間是空的——真正的真空。更重要的是，水銀槽上方的大氣壓力讓水銀柱維持在一定的位置——也就是說，空氣有重量。

空氣的質量

這些實驗顯示空氣具有質量，而真空是真正完全沒有任何東西的空間。波以耳（見第62-63頁）等自然哲學家認為這是物質原子理論的明證：物質由微小的粒子組成，彼此之間有空隙。這樣的思考，最後產生出一種氣體行為模型，叫做「氣體動力論」，描述理想氣體的性質。

理想氣體定律

氣體動力論描述了理想氣體的性質，包括：

——氣體由微小的粒子組成。不管是原子還是分子，行為都相同。相對於粒子之間的距離，粒子是如此的微小，不占據任何體積，表示氣體可以被壓縮（液體或固體則不能）。

——氣體粒子隨機進行直線運動，直到撞上容器壁。這些碰撞形成了氣體所施加的壓力。這種恆定、隨機的運動讓氣體得以均勻混合。

——氣體粒子間沒有吸引力或排斥力，可視為完全獨立，就像迅速移動的微小鋼珠。

——氣體粒子的平均動能決定氣體的溫度。

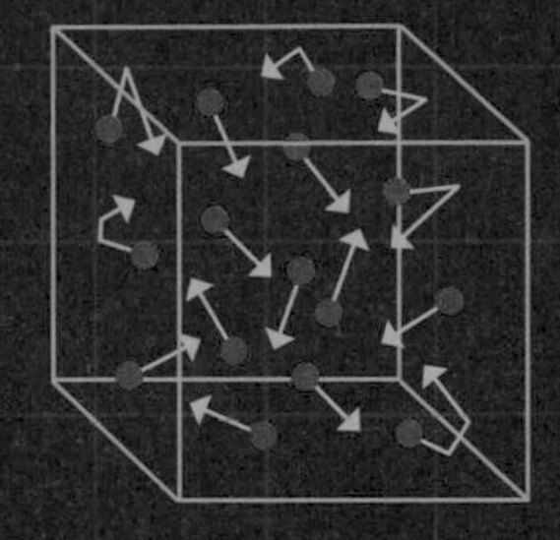

氣體粒子隨機進行直線運動，直到撞上固體的容器壁。

氣壓的力量

接著在1654年，真空獲得了更加戲劇化的呈現。德國工程師奧托·馮·葛利特（Otto von Guericke，1602-1686年）改造抽水機，發明了第一台抽氣機。在皇帝斐迪南三世面前，他把兩個巨大的銅製半球合在一起，抽出中間的空氣。雖然沒用東西綑綁，但連16匹馬都無法把兩個半球拉開。當葛利特打開閥門讓空氣重新進入時，兩個半球自己就分開了。

揚·巴普蒂斯塔·范·海爾蒙特
Jan Baptista van Helmont

這位氣動化學之父是個隱居的法蘭德斯貴族，擁有神祕的性格和信仰。不過一般認為，他完成了生物化學上的第一個對照實驗，並預料到化學領域的重要發展和定律。他開創性的實驗讓他得到了一些超前時代好幾百年的結論。

孤獨的研究者

揚·巴普蒂斯塔·范·海爾蒙特是煉金術士與醫師，1579年生於比利時布魯塞爾的一個貴族家庭。在魯汶大學唸過書並且環遊歐洲後，他退隱到自己的鄉下莊園，從事神祕主義和科學的研究。他雖然信仰虔誠，卻因為涉入交感粉的爭議（見右欄）而觸怒了天主教會。由於堅持交感粉沒有魔力，他遭到軟禁。必須等到他在1644年去世之後，他兒子才得以在1648年出版他的著作集《醫學之初》（*Ortus Medicinae*）。

水的起源

范·海爾蒙特最著名的研究，是改良庫薩的尼古拉的植物生長實驗（見第54-55頁）。他給一棵柳樹和一些乾土秤重後，把柳樹重在土裡。他蓋住花盆，並給植物澆蒸餾水。五年後，他重新替樹秤重，結果質量增加了76公斤。他把土壤乾燥後再次秤重，發現土壤的質量幾乎沒變。范·海爾蒙特得到結論，認為這棵樹是靠喝水長大的。他結合其他的研究發現，認為這證明了物質主要由水組成（跟泰利斯在2000年前說的一樣）。

空氣的靈氣

范・海爾蒙特忽略了二氧化碳在植物生長中所扮演的角色，但透過另一個仔細秤重的創新實驗，他成為第一個提出二氧化碳存在的人。燃燒28公斤的木炭後，他發現只剩下50克的灰燼。先前他曾證明物質不滅，只能改變形式（等於比其他人早了100多年就預料到「質量守恆定律」）。接著他推測另外27.5公斤的物質是以某種蒸氣的形式釋放，並把它命名為「氣體」（gas，希臘文「混亂」之意）。

燃燒木炭所產生的氣體被他稱為「木頭的靈氣」（spiritus sylvester）。在其他燃燒實驗中，他分辨出另一種「木頭的靈氣」，還有叫做carbonum和pingue的氣體。這四種氣體現在分別稱為二氧化碳、一氧化碳、一氧化二氮和甲烷。

交感粉

「交感」的力量是煉金術的神奇原理之一，相信物體或物質一旦產生聯繫，就會持續相互影響。這個信條就是帕拉塞爾蘇斯獨特信念背後的邏輯，後來被范・海爾蒙特接受。他提出，有一種特殊的藥膏，若塗在造成傷口的刀上，就能治療傷口。這種藥膏後來被稱作「交感粉」（powder of sympathy），成分包括慘死的人頭骨上的苔蘚、交配時被殺的野豬和熊的脂肪、燒過的蟲、乾燥的野豬腦、紫檀，以及木乃伊粉末。

「我為這種迄今不為人知的靈氣賦予新的名稱，叫做氣體，既不能被容器束縛，也無法成為可見之物。」

——揚・巴普蒂斯塔・范・海爾蒙特

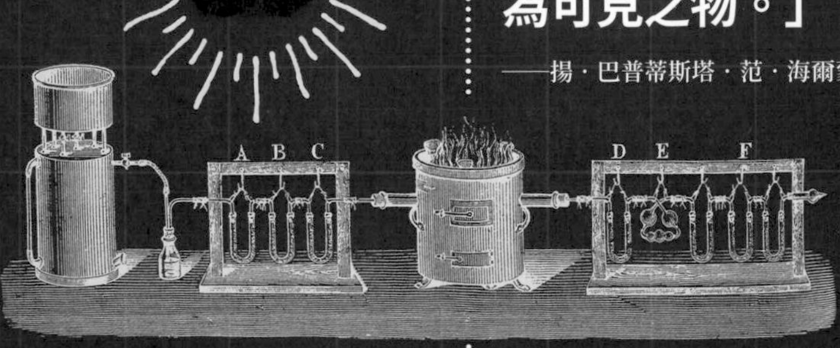

酸和鹼

酸和鹼是最古老的化學分類之一。酸帶有刺激的酸味，能「溶解」金屬氧化物和金屬；鹼帶有苦味，通常摸起來有滑滑的感覺。第三類物質叫鹽類，但到了17世紀，這件事已經愈來愈清楚：鹽類是酸和鹼「反應」的產物，而會和酸反應形成鹽類的物質（包括金屬）就叫做「鹼」。

激烈的化學反應

酸和「對立」的鹼，在化學成為科學的過程中扮演重要的角色。自從古典時代之初，人類就知道有蘇打（碳酸鈉）和鉀鹽（碳酸鉀）這兩種形式的鹼。它們沒有揮發性，因此叫「固定鹼」，和揮發性的鹼（例如氨）形成對比。接著又增加了「鹼土」，是指白堊和石灰岩中的碳酸鈣，後來也指鎂和其他金屬的鹽類。

另一方面，醋和檸檬汁等有機酸自古以來就廣為人知。除了這些以外，伊斯蘭和中世紀歐洲的煉金術士又增加了烈醋（純化的乙酸）和無機酸，例如烈鹽（鹽酸），作用更強大。它們和鹼的反應非常劇烈，伴隨有起泡和發熱。但人始終很難解釋它們如何作用、為何會呈現酸性或鹼性，直到羅伯特·波以耳（Robert Boyle，見第62-63頁）發現利用植物浸劑來分類的方法，也就是早期的石蕊試紙。他發現紫羅蘭漿在自然狀態下呈藍色，但遇到酸會變成紅色，遇到鹼則變成綠色。

不斷演進的理論

關於酸鹼作用機制的說法不斷隨著時間演變。首先是煉金術方面的見解，也就是「男性」和「女性」對立的原理，接著是把酸度和燃素連繫在一起的理論（見第72-73頁）。原本大家認為氧會造成酸度，直到韓福瑞·戴維（Humphrey Davy）指

瑞典化學家**斯萬特·阿瑞尼士**率先設計出酸和鹼的現代定義。

出，鹽酸（HCl）並不含氧，氫才會造成酸度。然後瑞典化學家斯萬特·阿瑞尼士（Svante Arrhenius，1859-1927年）把酸定義為可產生氫離子（質子，H^+）的物質，把鹼定義為溶解後產生氫氧根離子（OH^-）的物質，如a）鹽酸和b）氫氧化鈉的化學反應式所示：

a) $HCl(aq) \rightarrow H^+ + Cl^-$

b) $NaOH(aq) \rightarrow Na^+ + OH^-$

（請注意，「aq」代表「水溶液」，也就是溶劑是水的溶液。）這裡酸和鹼之間產生的反應叫「中和」反應，因為生成了水和中性的鹽：

$HCl(aq) + NaOH(aq) \rightarrow H_2O(l) + NaCl(aq)$

酸的氫離子和鹼的氫氧根離子結合在一起時，就會產生水。

阿瑞尼士的模型可以正確解釋水溶液中酸和鹼的反應，但氣體間也可能發生酸鹼反應，因此需要更加通用的酸鹼理論。「布—洛理論」（Brønsted-Lowry theory）把酸視為質子予體，鹼則是質子受體。在阿瑞尼士的模型中，H^+是質子予體，OH^-則是質子受體。

日常生活中的酸和鹼

生活周遭可能有許許多多的酸和鹼，以下是一些典型的例子：

酸：醋（乙酸）、碳酸（存在蘇打水和碳酸水中，二氧化碳氣泡溶於水而形成）、乙醯柳酸（又叫阿司匹靈）、硫酸（存在汽車電瓶中）。

鹼：氨（做為清潔劑）、鹼水（氫氧化鈉，另一種清潔劑）、小蘇打（碳酸氫鈉）、治療胃痛的制酸劑（例如碳酸鈣和氫氧化鋁）。

酸和鹼的定義

模型	酸	鹼
阿瑞尼士	H^+ 生產者	OH^- 生產者
布—洛	質子（H^+）予體	質子（H^+）受體

羅伯特·波以耳 Robert Boyle

煉金術幾百年來累積的成果，都朝向突破過去、開創化學的新科學方法前進。這種開創性的轉變展現在羅伯特·波以耳的人生和職涯中，他是盎格魯–愛爾蘭的貴族，因為他在實驗和氣動化學領域的發現而被譽為「化學之父」。

「化學家」和哲學家

羅伯特·波以耳（1627-1691年）是一位富裕伯爵的第14個兒子，受過昂貴的教育，年輕時曾遊歷歐洲。在他遇到一群煉金術士和自然哲學家前，早年專注於神學研究。他和美國煉金術士喬治·斯塔基（George Starkey，1628-1665年）走得特別近，斯塔基教了他煉金術以及「化學家」的技能。此時的「化學」被認為是一種詭異的研究，混合了工匠（例如藥劑師）的簡單技能以及對「賢者之石」和變出黃金的神祕追求。

波以耳在1650年代搬到英國牛津，在此追求他的終生目標：將務實「化學家」的專業知識和自然哲學家理解宇宙的崇高志向結合起來。他在這個過程中有了許多實驗性的突破。後來他移居倫敦，是皇家學會的創始人之一，這是個科學院，被視為科學革命的熔爐。

新的研究方法

波以耳的化學成就包括對酸的變色檢測、多種醫療方法，以及抽氣機和真空方面的廣泛研究，這些研究讓他發展出今日所謂的波以耳定律：氣體壓力和體積成反比。換句話說，如果把氣體的體積壓縮成一半，壓力就會增加一倍。

波以耳支持原子論的哲學，但他喜歡用「微粒」這個名詞，而不是「原子」。對他而言，微粒論代表終結了近代科學發展出來前的亞里斯多德式化學，並用實驗來加強並捍衛這種新

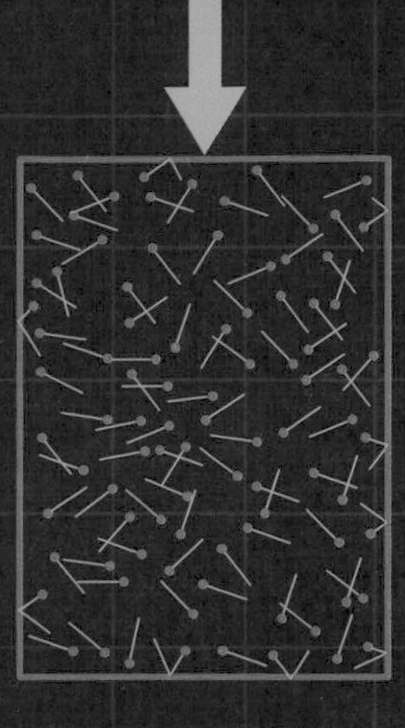

氣體的體積被壓縮後，**壓力**（以kPa為單位，千帕）就會增加。

的理論。例如他示範如何根據微粒的大小和運動，來說明硝石（火藥的一種成分）的化學性質，而不需要靠「形式」和「質」來說明。

正是因為想取代舊思維，波以耳寫出了最著名的作品《懷疑的化學家》（*The Sceptical Chymist*），抨擊四元素說和帕拉塞爾蘇斯的三元素說（見第52-53頁），並試圖說服「化學家」採用更哲學的方法來研究大自然。是這種研究方法，而不是他的實際發現，為波以耳贏得了「化學之父」的美譽。

願望清單

在1660年代，波以耳整理了一系列筆記，列出科學家亟需解決的問題，包括：

- 青春永駐的祕密。
- 透過移植治好疾病。
- 開發止痛藥。
- 完全掌握飛行的方法。
- 找出讓人在水面下工作的方法。

奇怪的是，他也鼓勵進行以「達到龐大尺寸」（Attaining Gigantik Dimensions）為目標的研究，一般認為是指讓人類的體型變得更高大。

離子鍵與共價鍵

在進一步探討科學化學的發展之前，先介紹一下化學鍵的概念。我們先來看看兩種主要的鍵結型態和化學鍵的基本原理，也就是在原子周圍的空間裡，電子為了降低整體的總能量而形成的分布趨勢。

八隅體法則

不同原子結合形成化合物時，會找出一種能量最低的組態。如果原子群的總能階低於個別原子能量的總和，它們就會鍵結在一起，讓能量降低。

原子的能量組態主要由電子分布來控制。對化學鍵而言，最重要的是圍繞原子（見第28-29頁）運動的電子所占據的最外殼層，叫做價殼層，其完整性決定了原子的鍵結形式和反應性。

價殼層遵守八隅體法則，也就是最穩定、能量最低的組態，殼層中會有八個電子。最外殼層中已經有八個電子的元素是惰性氣體，包含氦、氖和氬，因為具有穩定、填滿的價殼層，所以非常不活潑。化學鍵結的通則是，電子會試圖轉移，以達成最相近的惰性氣體價殼層組態。電子轉移的能力是形成鍵結的關鍵。

化學鍵結的通則是：電子會試圖轉移，以達成最相近的惰性氣體價殼層組態。

給予和接受

化學家在檢驗溶液的電解性質時（見第112-113頁），發現了兩種化學鍵：離子鍵和共價鍵。有些化合物溶解在水中會形成導電溶液，叫做電解質，而另一些則否，這種溶液叫非電解質。

在**離子鍵**中，一個原子會把一個或多個電子轉移給另一個原子。予體原子去除了「未滿」的最外電子殼層，下一個「已滿」的殼層就成為新的價殼層。受體原子則填滿了外殼層，變得完整。例如鈉和氯原子鍵結形成氯化鈉（NaCl）或食鹽時，鈉原子會失去一個電子，達成像氖一樣的電子排列，而氯原子則獲得一個電子，達成像氬一樣的電子排列。結果原子變成了離子：帶正電的鈉離子（陽離子），和帶負電的氯離子（陰離子）。因此更正確的食鹽化學式為Na^+Cl^-。正負離子間有靜電吸引力，把粒子結合在一起，形成離子化合物。

化合物檢查表

離子化合物	共價化合物
電解質 ☑	非電解質 ☑
在室溫下通常是固體 ☑	固體、液體或氣體 ☑
熔點較高 ☑	熔點較低 ☑

在**共價鍵**中，兩個原子共享一對電子，這些電子基本上會有一個新的軌道，同時圍繞兩個原子。例如天然的溴是以雙原子（Br_2）的形式存在，因為它想獲得像氪一樣的完整價殼層。單一溴原子的最外殼層或價殼層中有七個電子，所以要變成像氪一樣有八個電子，兩個溴原子就要共享一對電子，讓每個溴原子都能填滿八隅體，達成穩定、低能量的組態。

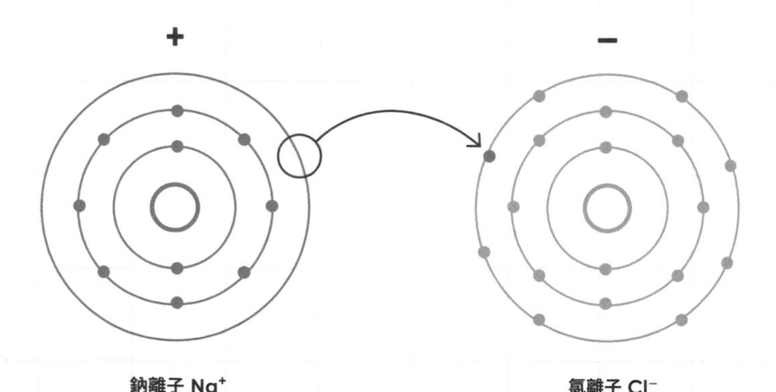

鈉離子和**氯離子**的電子組態，顯示原子之間如何贈予電子，讓兩個離子都達成惰性氣體那樣的價殼層。

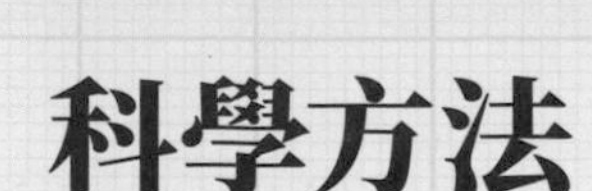

科學方法

為什麼說在羅伯特·波以耳之前，化學都是「不科學」或「前科學」的，但到了17世紀卻成了科學呢？賈比爾或帕拉塞爾蘇斯的化學和波以耳的化學究竟有什麼不同？答案就在於一種新的方法論和一種新的哲學，兩者結合在一起就形成了一種力量驚人的聯合系統——也就是科學方法。

煉金術的問題

我們已經淺談了煉金術一些不科學的地方，但還是要仔細說明，才能和後來的發展形成強烈對比。本質上來說，煉金術是建立在一些大家公認為真的敘述和理論上，就算這些敘述和理論並未經過檢驗或證明。例如假設基本元素有四種，或認為金屬和黃道十二宮之間有連結。煉金術的程序、技術和配方非常強調那些可能發生變化的因子，例如實驗者的心理和精神狀態，因此大家相信實驗者的靈魂若不夠純潔，實驗就可能會失敗。

煉金術認為應該用神祕的符號來隱藏自己的結果和技術，不像科學那樣，注重分享結果和實驗細節，包括技術和數量，好讓其他人可以檢驗、批判和複製。最後一點是，煉金術士拒絕公布自己的技術，或把知識彙整成條理清晰的系統或理論。

不再推測

煉金術並不是自然哲學家唯一遭遇的麻煩學門。在醫學、天文學、生物學和物理學中，先前最常用的方法是經院哲學，以假設和對權威的重視為基礎。從法蘭西斯·培根（Francis Bacon，1561-1626年），到羅伯特·波以耳和比他年輕的同行艾薩克·牛頓（Isaac Newton，1642-1727年），新一代的自然哲學家試圖開創新的研究方法。他們的工作就是擺脫沒有證據支持的推測，轉而採用實驗，觀察真實的自然。

波以耳和牛頓是開發新科學方法的關鍵人物。簡單來說，科學方法就是根據對自然的觀察（可能是透過實驗）引導出一個最初的假設，用來解釋某些現象。接著就必須用實驗來測試這個假設。如果實驗結果不支持假設，就必須更改或放棄假設。（例如波以耳就領先他的時代，認知到實驗失敗的價值。）如果實驗結果確實支持假設，而且重複實驗都可以得到相同的結果，假設就會成為理論。如果可以觀察到重複的模式，並且進一步在數學上量化，理論就會升級成定律或真理。如果出現了不符合理論的新證據，則必須更改或拋棄這個理論。套用支持者的說法，科學方法是通往真理唯一的可靠途徑。

「我們絕不能為了夢想和自己虛妄的幻想而放棄實驗的證據。」

——艾薩克·牛頓

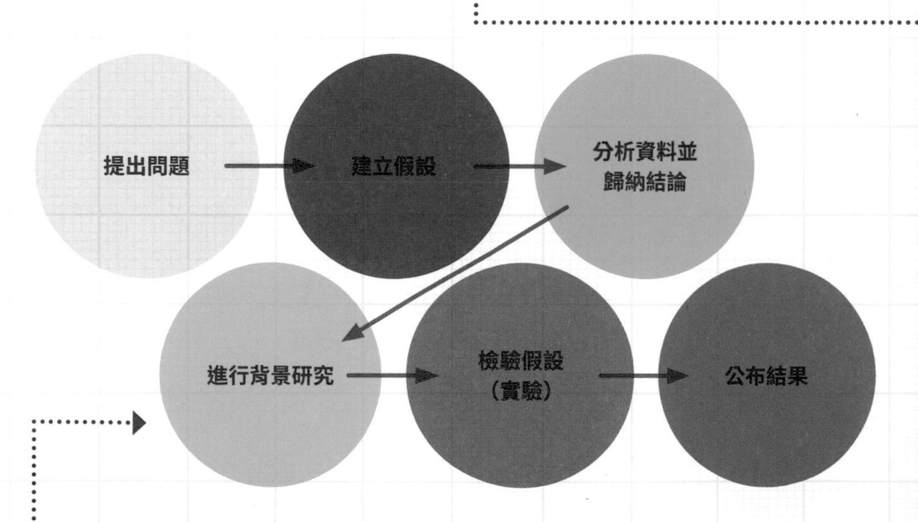

這是**簡化版的科學方法**，強調必須公布實驗結果，讓其他人也能嘗試複製並驗證它們。

3

發現元素

科學革命就是化學等待已久的催化劑，讓這門新科學突飛猛進。有了新的觀念、設備和技術，就有可能以古人無法想像的速度發現新元素。能在自然之書中揭開新頁的人，可謂名利雙收，而本章描述的就是大家爭相發現新科學原理的刺激氛圍。

卡爾·席勒 Carl Scheele

德國煉金術士亨尼格·布蘭德（Hennig Brand）在1669年從尿液中分離出磷，名利雙收。不過必須等到18世紀中葉，化學分析技術更進步之後，其他諸多元素才陸續被發現。在發現元素這方面，瑞典是最早的中心地，尤其是卡爾·席勒，但他從未得到應有的榮譽。

地精礦石

中世紀的礦工雖然對金屬和礦石所知甚多，但那些知識主要還是充滿迷信的民間傳說。有兩個例子是Kobold和Nickel，也就是德文的「地精」和「小精靈」，它們會在礦區造成奇怪的聲音、煙霧和不幸。假銅礦產生的有毒煙霧據信就是Kobold造成的，這種假銅礦熔化後能讓玻璃呈現鮮豔的藍色。1735年，瑞典化學家喬治·勃蘭特（Georg Brandt，1694-1768年）發現這種顏色來自礦石中的一種金屬，把它命名為鈷。Nickel（淘氣鬼）則會形成一種叫做Kupfernickel的假銅礦。1751年，瑞典化學家阿克塞爾·克龍斯泰特（Axel Cronstedt，1722-1765年）發現那裡頭含有一種堅硬的白色金屬，把它命名為鎳。

許許多多的發現

卡爾·威廉·席勒（1742-1786年）是個主要靠自學而成的化學家，來自位於今日德國和波蘭地區的波美拉尼亞。他出身貧寒，幾乎沒受過正規教育，直到後來成為藥劑師的學徒。儘管如此，席勒還是成了一位專業的化學家與狂熱的實驗者。在瑞典各地工作過後，他在小鎮科平接手了一家藥房，並在他短暫的餘生繼續從事這份工作，拒絕了許多名聲響亮的學術職位。

席勒的發現非常多，涵蓋了有機和無機化學的領域，其中最有名的是氧和氯。席勒是個務實的人，不是理論學家，雖然他可能沒看出自己的某些發現，但他在當時贏得的讚譽會這麼少，還是頗不尋常。這大半是因為運氣不好。1773年，他終於完成《論空氣和火的化學》（*A Chemical Treatise on Air and Fire*）一書，但卻等了四年才得以

席勒並不知道自己是第一個製造出氧的人。他加熱多種物質，包括硝酸鉀和二氧化錳，結果它們都釋放出相同的氣體——「火氣」，因為它和木炭灰燼接觸時會產生火花。

出版。這表示雖然他比英國的約瑟夫·普里斯利（Joseph Priestley）更早發現氧，但卻晚了三年才發表（見第84-85頁）。

火氣

席勒把空氣分成兩種主成分，其中一種很容易燃燒，就這麼發現了氧。他把氧取名為「火氣」，並在一連串的實驗中持續產生出氧，並證明這種氣體在植物和魚類的呼吸中扮演了某種角色。席勒並不完全了解自己發現的結果，因此用燃素說（見第72-73頁）去解釋它的性質。他在1774年發現氯時，誤以為是氧的化合物，直到韓福瑞·戴維（Humphry Davy）研究鹽酸時，這種氣體才被認定成一種元素（見第114-115頁）。席勒的分析方法就是什麼都要親自試一下，很多他發現的東西也要拿來嚐一嚐，結果最後損害了健康，他在43歲去世。

> **「由於生火一定需要這種氣體，而且大約占了一般空氣的三分之一，因此我把它取名為火氣。」**
>
> ——卡爾·席勒

從尿液中得到磷

德國科學家亨尼格·布蘭德（1630-1692年）堅信可以從尿液中提取出黃金。他在地下室的實驗室裡儲存了60桶尿液，讓它們腐熟，然後煮沸製成糊狀物，再加熱並倒入水中讓蒸氣凝結，最後得到一種蠟狀的白色物質，會在黑暗中發光。他把它命名為磷（phosphorus，希臘文「帶來光明者」之意）。

燃素說

燃素是一種假想的物質，早期認為是與燃燒、還原和呼吸有關的主要物質。雖然它現在被識為科學發展上的死胡同，讓認真的化學家偏離正道，但這個化學史上的里程碑也是個珍貴的理論，並有效說明了科學方法的力量。

燃燒的祕密

煉金術士和早期的化學家對燃燒、生鏽、呼吸、發酵和煅燒（把物質加熱到高溫，但仍低於其熔點）非常著迷。這些過程顯然有相互關聯，如果能發現彼此之間隱藏的關係，特別是共通的元素，就有可能揭露自然界最深層的祕密之一。我們如今已經知道，那共通的元素是氧，例如木材燃燒是一種氧化形式，其中碳被氧化成二氧化碳，只留下灰燼。早期的化學家把純金屬在空氣中加熱後留下的粉狀物質叫做礦灰，是一種金屬氧化物。但在發現氧以前，還有其他一些合理的假設。

德國化學家恩斯特・史塔爾。在18世紀末的化學革命前，他的燃素說在歐洲的化學界位居主流。

德國科學家約阿希姆・貝歇爾（Joachim Becher，1635-1618年）認為，可燃燒的物質含有一種叫「肥土」（terra pinguis）的活化劑。揚・巴普蒂斯塔・范・海爾蒙特接受了這個假設，並創造出「燃素」（phlogiston）一詞，源自希臘文的「易燃」。不過最先提出一個合理的燃素說的人，是德國化學家喬治・恩斯特・史塔爾（Georg Ernst Stahl，1660-1734年）。他察覺燃燒木炭會產生火焰和煙霧，並留下少量的灰燼。對他來說，熱和煙霧代表有些東西被趕走，這些東西是燃燒劑，也就是燃素。他推論木炭是由灰燼和燃素組成。若是逆轉這個過程，就等於把燃燒的產物還原——例如用木炭加熱礦灰，產生純金屬。礦灰從木炭吸收燃素，產生金屬。

有瑕疵的理論

作為燃燒和煅燒的第一個合理解釋，燃素在科學上完全說得通。法國化學家皮耶－約瑟夫．麥克奎爾（Pierre-Joseph Macquer）認為燃素「改變了化學的面貌」，並極力鼓吹化學家尋找新的物質來證明燃素的存在。約瑟夫．普里斯利（Joseph Priestley）運用燃素說來解釋他發現的氣體（見第84-85頁）。但隨著化學變得愈來愈精確，這項理論也遇到了麻煩。

史塔爾的理論認為，燃燒會因為燃素消失而使質量減少，而用木炭還原礦灰則應該因為吸收燃素而使質量增加——但實驗結果卻剛好相反。（現在我們知道，金屬在空氣中加熱會因為與氧結合而增加質量，還原的礦灰則會因為失去氧而失去質量。）史塔爾和其他的燃素擁護者試圖自圓其說，但燃素說最後還是在1774年被拉瓦節的氧氣理論（見第86-87頁）給終結了。

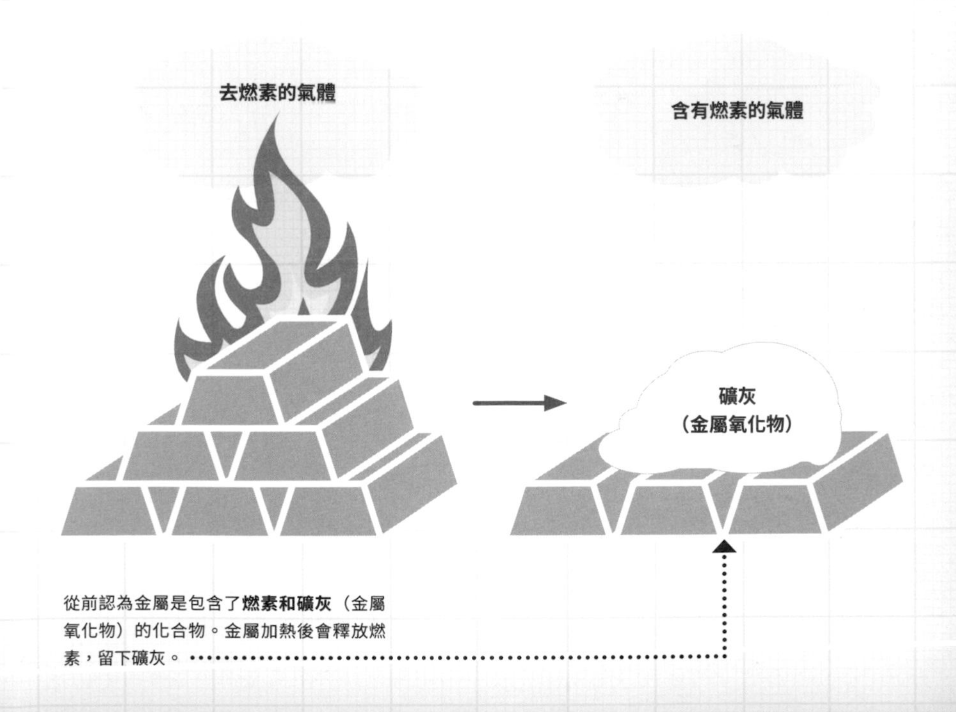

從前認為金屬是包含了**燃素和礦灰**（金屬氧化物）的化合物。金屬加熱後會釋放燃素，留下礦灰。

二氧化碳

由於儀器愈來愈靈敏，且技術愈來愈進步，氣動化學得以加快腳步，分析已知的氣體。范．海爾蒙特等煉金術士雖然能透過「質」的研究猜測有不同類型的氣體存在，但新一代的科學家卻能使用定量的方法證明這些氣體存在。

固定的氣體

從1754到1756年，蘇格蘭化學家約瑟夫．布拉克（Joseph Black）進行了一系列令人印象深刻的實驗，從加熱白堊（碳酸鈣）製造生石灰（氧化鈣）的過程中得到一種未知的氣體。由於它存在於固體中，加熱才釋放出來，所以布拉克把這種新氣體稱為「固定的氣體」。這和一個世紀前，范．海爾蒙特所描述的「木頭的靈氣」是同一種氣體，也就是我們現在所說的二氧化碳（CO_2）。

約瑟夫．布拉克（1728-1799年）證明二氧化碳和生命的過程有關，包括呼吸、光合作用和發酵。後來他又在熱學領域有了重大的突破（見第82-83頁）。

布拉克進一步示範了這種新氣體在化學轉換上的完整循環。分解白堊製造出生石灰後，他證明可以逆轉此一過程，用生石灰重新混合這種「固定的氣體」，產生白堊。然後他透過秤重，證明固定的氣體也是燃燒、發酵和呼吸的產物。雖然他沒有進一步研究這固定的氣體，但他正確地推測出它也是大氣的一部分（二氧化碳約占空氣的0.037%）。

布拉克對固定的氣體所進行的實驗，是研究「苛化作用」的一部分，而苛化作用剛好和酸化作用（讓東西變得更酸）相反。他描述碳酸鹽類（他定義為弱鹼）在失去固定的氣體後，會如何苛化、變成更強的鹼。碳酸鹽類吸收固定的氣體時，會再度轉換為弱鹼。布拉克還演示了把石灰石加到酸中釋放出二氧化碳的起泡現象。

生命的氣息

布拉克以生動的方式證明了固定的氣體是呼吸的產物，他往一瓶石灰水（氫氧化鈣溶液，又叫熟石灰）裡吹氣，結果會形成細小的白堊顆粒，變得很混濁。直到現在，這都還是測試二氧化碳存在的標準方法：

$$CO_2(g) + Ca(OH)_2(aq) \rightarrow CaCO_3(s) + H_2O(l)$$

如果繼續向混合物中吹入二氧化碳，碳酸鈣又會和二氧化碳反應，形成碳酸氫鈣，再次變得澄清，形成無色的溶液：

$$CO_2(g) + CaCO_3(s) + H_2O(1) \rightarrow Ca(HCO_3)_2(aq)$$

類似的反應會造成硬水：雨水被二氧化碳酸化，然後和地下的石灰石反應。

溫室氣體

大氣中有幾種會抓住熱量的「溫室氣體」，二氧化碳正是其中之一。陽光（短波輻射）穿過大氣，地球表面吸收部分能量後就變熱了。地球透過釋放長波紅外線來冷卻，但在長波紅外線進入太空前，有些會被溫室氣體吸收。這使得大氣變暖，進一步讓地球表面變暖。溫室效應把地球的溫度提升了大約攝氏35度，讓地球上出現了生命。但過多的溫室效應也讓地球變得比正常還熱，導致全球暖化和氣候變遷。

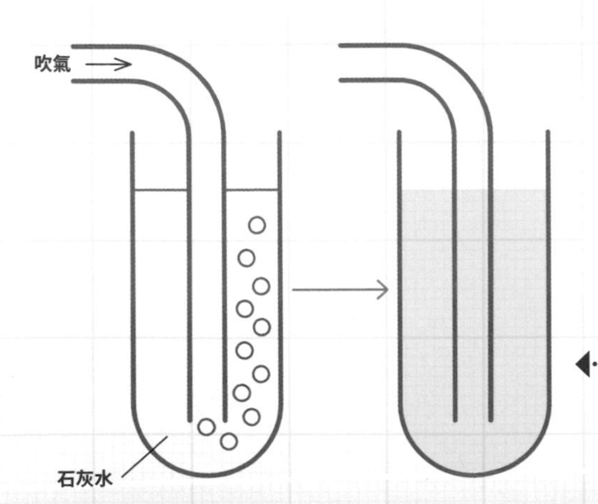

約瑟夫·布拉克為了證明CO_2是呼吸的產物，往一瓶石灰水（氫氧化鈣溶液）裡吹氣，結果水中形成細小的白堊（碳酸鈣）顆粒，變得混濁。

亨利·卡文迪西 Henry Cavendish

在氣動化學的領域裡，取得最大進展的人是一個古怪的英國百萬富翁，他被視為繼牛頓之後最偉大的科學人物，但卻害羞低調到病態的地步。亨利．卡文迪西揭開了大氣的祕密，還製造出水，卻無法和女人說話，甚至無法注視女人。

古怪的氣場

約瑟夫．布拉克的實驗（見第74-75頁）啟發了英國貴族亨利．卡文迪西（1731-1810年），促使他展開對氣體的研究。卡文迪西是德文郡公爵和肯特公爵的孫子，他的父親去世時，他就成了英國的首富之一。但他唯一的興趣是科學，他

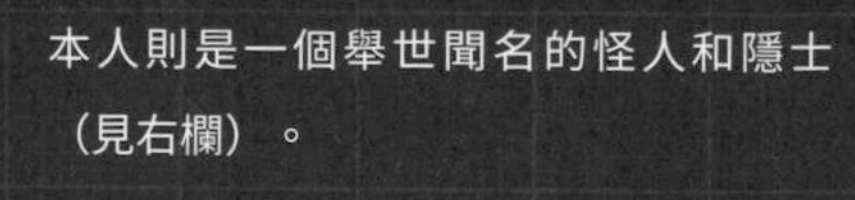

本人則是一個舉世聞名的怪人和隱士（見右欄）。

卡文迪西研究他所謂的「人工氣體」，包括布拉克透過酸鹼反應產生的「固定

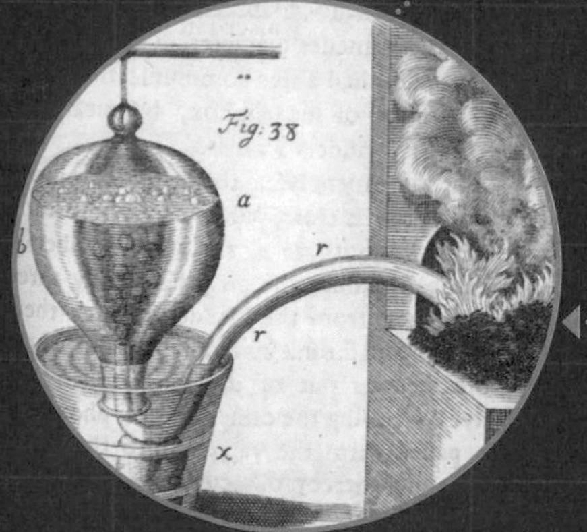

如這幅1727年的插圖所示，**卡文迪西**使用他的集氣槽，準確測量氣體的性質。

的氣體」，以及金屬和酸混合產生的「易燃氣體」。他使用史蒂芬・黑爾斯發明的集氣槽裝置（見第56-57頁），把氣體集中在倒置於水槽上方的容器中。卡文迪西測量排出的水量，就能計算氣體的比重（相對於整個大氣的密度），顯示易燃氣體是已知最輕的物質。

我們如今知道，卡文迪西的易燃氣體是氫氣，但他相信燃素說（見第72-73頁），因此認為自己可能發現了燃素。後來他確定了大氣（也就是「普通空氣」）的主要成分：氧氣和氮氣，分別稱它們為「去燃素的氣體」和「含有燃素的氣體」。1781年，他將易燃氣體和普通空氣混合，並用電火花點燃混合物，產生出水滴。他測量了剩餘的氣體，發現大約有五分之一的普通空氣消失了。後來，他只用易燃氣體和去燃素的氣體（氫氣和氧氣）重複實驗，結果產生純水。這終於推翻了水是基本元素之一的古老觀念（但他誤以為水是燃素物質和去燃素的氣體結合之後產生的）。他甚至注意到，有少量剩餘的普通空氣是惰性的，在一個世紀後，這種氣體確定為氬氣。

害羞的科學家

卡文迪西性格古怪。根據英國皇家學會的一位會員描述，卡文迪西出現在倫敦時絕對是躲在馬車裡，而且很少說話。他非常害羞，但有時卻不得不參加學會的會議，當他走進一個有人群的房間裡時，他都會發出「尖叫」。如果有人正眼看他，他就會「迅速躲避」，而若是跟他說話，他就會逃回家。他對女人尤其害羞，只用紙條和女管家溝通，並禁止女僕接近他。巨額的財富對他來說無關緊要，甚至連他的死也很古怪。得知自己時日無多時，他先計算好自己可能死亡的時間，然後嚴格指示他人，在那個時間之前務必讓他獨處。有個擔心他的男管家提早了半小時進去屋裡，還被他罵了出來。

「他敏銳、聰慧、知識淵博，我認為他是當代最有成就的英國哲學家。」

——韓福瑞・戴維

水

平凡無奇的水是我們最熟悉的液體，但就化學性質和物理性質而言，水卻是最不尋常的液體之一，也是地球上最重要的物質。水在化學中扮演核心角色，是一種通用溶劑，能形成酸鹼度等現象。對地球上的生命而言，水的重要性展現在許許多多不同的地方。

角度與極性

化合物中鍵的種類和分布，決定了化合物的結構和形狀，也決定了化合物的性質。水分子由一個氧原子共價鍵結兩個氫原子組成，因此不會呈直線形（H-O-H），而是帶有角度的形狀：

水的獨特性質對地球上的生命而言至關重要，而這些特性就來自這種帶有角度的形狀，因為它會讓分子擁有側邊或「末端」。由於氧比氫更具有負電性，因此會強烈吸引共價鍵中的電子對，讓它們更靠近氧原子。因此氧會有部分帶負電，每個氫原子則部分帶正電，整個分子會有一個負極和一個正極，成為偶極。

靜電吸引

這份極性造成的結果之一，就是水分子會相互作用：一個分子中部分帶正電的氫原子會被另一個分子中部分帶負電的氧原子吸引，這種交互作用叫做氫鍵。水分子之間的氫鍵讓水具有許多獨特的性質，例如沸點特別高。一般而言，液體的沸點和分子量有關（見第102-103頁）。和水的分子量相同的物質，在室溫下通常是氣體。相較之下，水在一個

水的獨特性質對地球上的生命而言至關重要，而這些特性就來自這種帶有角度的形狀。

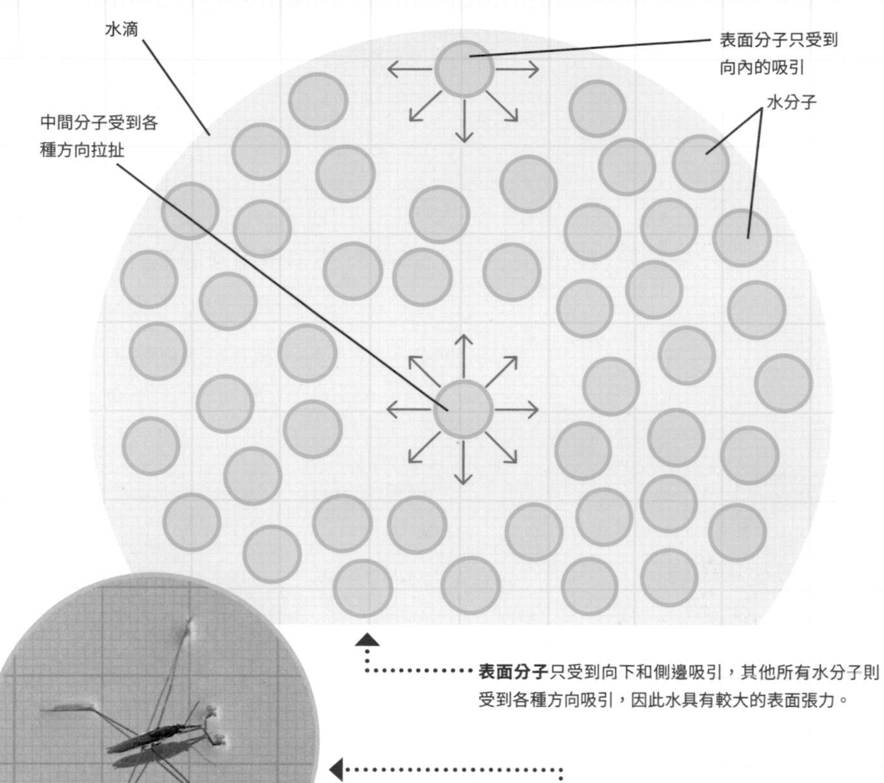

表面分子只受到向下和側邊吸引，其他所有水分子則受到各種方向吸引，因此水具有較大的表面張力。

水黽利用水的表面張力和自己的長腿在水上行走。

有彈性的表面

和其他大部分液體相比，水分子之間的連接和交互作用更強大，這點在液態水的表面最明顯。由於表面分子只受到向下和側邊吸引，其他所有分子則受到各種方向吸引，因此水具有很大的表面張力，讓綠雙冠蜥之類的小生物可以在水面上行走。這也表示水的蒸發速率遠小於預期，有助於把地球上大部分的水留在海洋裡，而不是在大氣中。

冰會漂浮在水面上，因為固態水的密度小於液態水。

很大的溫度範圍內都是液體，因此對地球上的生命而言是很穩定的介質。

氫鍵還讓水具有很高的熱容量，也就是溫度改變所需要的熱量。氫鍵也讓水有很高的汽化熱，也就是發生相變所需要的熱能（更多關於熱的內容，請見第82-83頁）。因此水體會吸收大量的熱並緩慢釋放，在全球尺度下，這有助防止地球像其他行星那樣，晝夜溫度大幅波動，並緩和地球長期的氣候變化。水結冰時，氫鍵會讓分子排列成穩固的矩陣，密度小於液態水，所以冰會漂浮在水面上而不會下沉。因為這個緣故，水體只有最上層會結冰，其餘的部分都被隔絕了。

溶解力

因為具有極性，且形狀帶有角度，水是離子和極性共價物質的強力溶劑（見第64-65頁）。由於部分帶電極，水和離子能發生強烈的交互作用。所以當離子物質溶解在水中時，水分子的正極會包圍陰離子（帶負電的離子），而負極則包圍陽離子（帶正電的離子）。類似的過程也讓水可以溶解極性共價物質。許多有機化合物（例如糖、醇和蛋白質）都含有O-H和N-H鍵，這些鍵帶有極性，因此會溶於水。被水分子包圍的離子叫水合物，因此像Cu^{2+}（離子化的銅）這樣的離子，更正確的描述方法應該是$[Cu(H_2O)_6]^{2+}$。許多的無機物質都可以形成結晶水合物固體。

液態水也會輕微解離，因此$H_2O \rightleftharpoons H^+ + OH^-$。⇌符號表示反應是可逆的，兩個方向都會發生，因此發生正反應和逆反應的速率是一樣的。增加H^+離子量的物質為酸性，而增加OH^-離子量的物質為鹼性。

水在一個很大的溫度範圍內都是液體，因此對地球上的生命而言是很穩定的介質。

與光接觸

水會大量吸收紅外光，但可見光和近紫外光可以穿透水。這表示空氣中的水蒸氣在白天會讓太陽輻射穿透，加熱地球，晚上則會阻止熱量散失，在晝夜循環的過程中讓地球的溫度保持相對平穩。水蒸氣也是一種溫室氣體（見第75頁）。

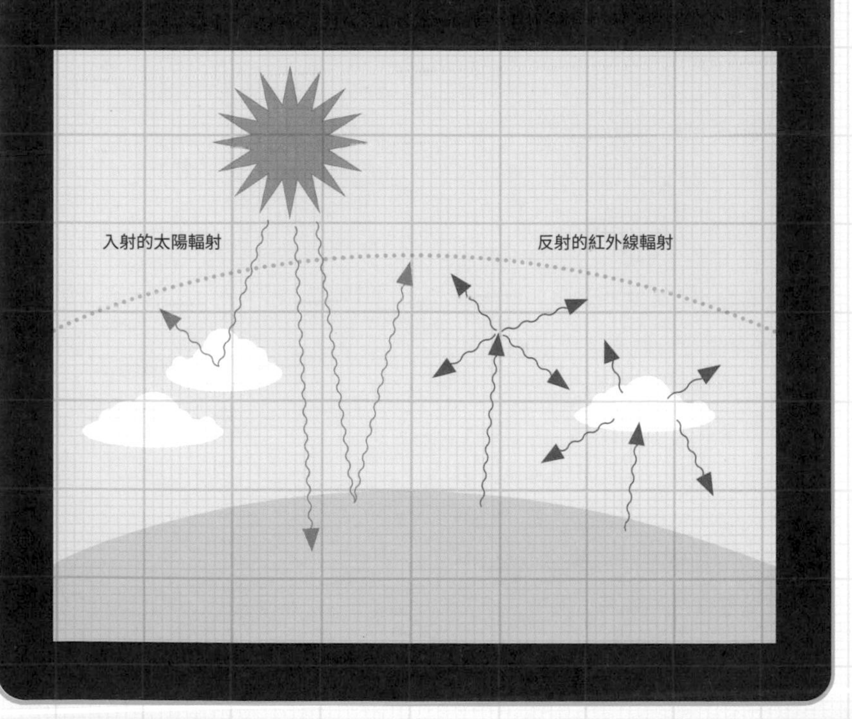

熱

對古人來說，火是主要元素之一，而雖然到了18世紀中葉，古典時代的四大元素已經被取代，但化學家仍然不清楚熱的性質和表現。人類很快就透過有趣的觀察和聰明的實驗發現了熱化學的重要面向。事實上，熱原理可說是整個化學的基礎。

隱藏熱

荷蘭的溫度計先驅丹尼爾·加布里爾·華倫海特（Daniel Gabriel Fahrenheit，1686-1736年）有奇怪的發現。他注意到「過冷水」（搖一搖會立刻變成冰）的溫度在他的溫標上飆高到華氏32度。約瑟夫·布拉克（見第74-75頁）也進行了自己的研究，結果也發現給水加熱時，水的溫度變化和接收的熱能明顯不一致。他在融化冰塊時發現，雖然冰塊吸收了熱，但溫度卻沒有變化——換句話說，它只是從華氏32度的冰變成了華氏32度的水。熱量好像以某種方式和水的粒子結合，在溫度計上「隱藏」了起來，因此叫做「潛熱」。他甚至測得出這種潛熱：物質從固體變成液體，或是從液體變成固體時，叫「熔化潛熱」；物質從液體變成氣體時，則叫「汽化潛熱」。

繼這些結果之後，布拉克進一步發現，相等質量的不同物質若要有相同的溫度變化，所需的熱量也不同。這就是所謂的「比熱」：1 公克的物質升高攝氏1度所需要的能量。

一個更概括的概念是「熱容量」：改變物質溫度所需要的熱量。能量以卡路里或焦耳為單位計算，所以比熱以每g°C的卡路里或焦耳為單位。水的比

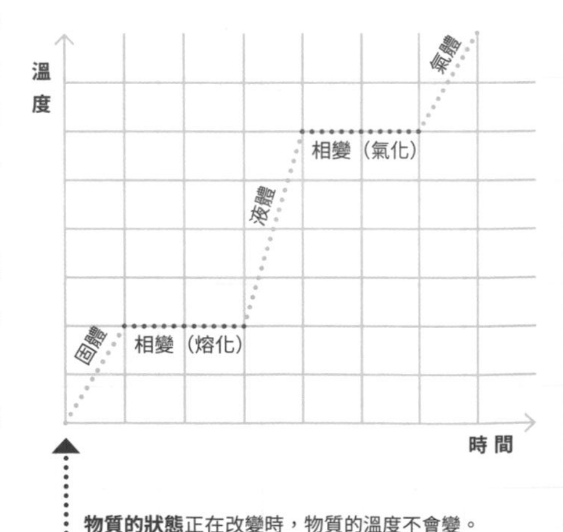

物質的狀態正在改變時，物質的溫度不會變。

設定溫度

最早被廣泛採用的是華倫海特的溫標。他使用鹽和冰的混合物，把他能夠達到的最低溫度設定為0度。瑞典科學家安德斯·攝耳修斯（Anders Celsius，1701-1744年）在1742年提出，應該以（海平面處）水的結冰和沸騰為固定溫標，進行科學的溫度測量。他建議把水的沸騰溫度設為0度，把水的結冰溫度設為100度，但他的學生把刻度顛倒過來，後來整個歐洲都採用，是為攝氏溫標。科學家通常更喜歡使用克氏溫標，以克耳文男爵（Lord Kelvin，1824-1907年）命名。克氏溫標從絕對零度（完全沒有能量的理論狀態）開始計量，以克耳文（K）為單位，水在273K結冰。1K=攝氏1度=華氏1.8度。

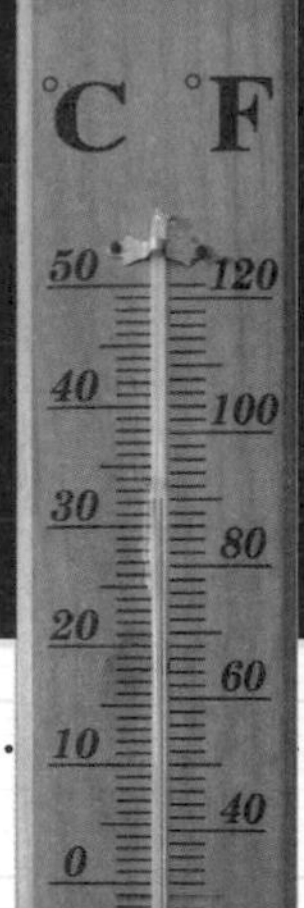

熱為1卡路里／g°C或4.186焦耳／g°C。

被誤認為是物質

布拉克發現了潛熱，非常符合當代對熱的性質的想法。如果熱以某種方式和水粒子結合並且鎖住，那不是和燃素或固定的氣體很像嗎？18世紀的科學家就是這麼認為的，他們把熱想像成物質的一種形式（「火的物質」），不是粒子就是某種有彈性的流體。拉瓦節（見第88-89頁）後來把熱的這種概念定型，稱之為「熱質」(caloric)，但還要再過70年，化學家才開始接受熱是一種能量，而不是物質。

約瑟夫·布拉克是第一位注意到**熱和溫度不是同一回事**的人。溫度是物體中個別粒子的平均動能，以華氏度、攝氏度或K為單位。熱則是物體中熱能的量，以焦耳為單位。例如一杯水和一浴缸的水溫度也許相同，但浴缸所容納的熱遠大於杯子，因為浴缸裝了更多的水，能夠儲存更多的熱能。

約瑟夫·普里斯利
Joseph Priestley

在18世紀晚期，化學開始變得非常流行，化學上的發現與競爭已經是國家級的事。基督教牧師與政治激進分子約瑟夫·普里斯利應為此負擔部分責任，他是汽水的發明者和氧氣的發現者。不過，他終究還是因為化學家愈來愈受關注而惹禍上身。

讓水滋滋冒泡

約瑟夫·布拉克和亨利·卡文迪西的發現代表氣動化學即將進入一個令人興奮的時代，而最多產的人莫過於約瑟夫·普里斯利（1733-1804年），他發現了至少八種新氣體。普里斯利是牧師與教師，來自一個非國教徒家庭。非國教徒屬於「不順從」主流英國國教的宗教激進分子，政治思想通常也很激進。

在1766年認識了美國科學家班傑明·富蘭克林（Benjamin Franklin）之後，普里斯利開始從事科學研究，接著不久就在英格蘭的里茲當上牧師，住在啤酒廠的隔壁。他證明了從發酵的啤酒桶中冒出來的那層氣泡是「固定的氣體」（二氧化碳）。由於手邊有大量的來源，他決定嘗試模擬某些礦泉水自然起泡的狀態。他加壓把二氧化碳溶解在水中，創造出碳酸水，在歐洲掀起一股「蘇打水」的熱潮。

氣體人

普里斯利在1773年得到一份工作，讓他有大量的時間從事研究。他進一步研究氣動化學，改善了黑爾斯的集氣槽（見第77頁），並巧妙地用汞代替水，收集水溶性氣體。他還取得一個30公分寬的放大鏡，用來聚焦太陽光，產生很高的溫度。他使用這些設備，發現了多種氣體，包括一氧化氮（NO）、一氧化二氮（N_2O，又叫笑氣）、二氧化硫（SO_2）和氨（NH_3）。

到了1772年，普里斯利可能首度觀察到光合作用，證明植物會產生動物呼吸所需要的「氣體」。他在1774年用放大鏡加熱汞的紅色礦灰（在空氣中燃燒汞所產生的粉末），合成出這種氣體。把礦灰加熱到足夠的溫度時，礦灰就變回了汞。他注意到釋放出來的氣體無色無味，但可以讓火焰燃燒得非常旺。進一步檢驗發現，這種氣體比普通的空氣更「優越」：普里斯利說明，老鼠在裝滿這種氣體的玻璃容器中存活了一個小時，但如果只是普通空氣，那隻老鼠大概只會活15分鐘。普里斯利擁護燃素說，因此他認為這種新氣體就是去燃素的氣體。但在1774年造訪巴黎時，他把自己的發現告訴了拉瓦節（見第86-87頁），結果最後確定了普里斯利的「優越氣體」是氧氣，推翻了燃素說。

眾矢之的

科學在18世紀變得非常政治化，而少有幾個科學家比普里斯利更政治化。他擺明了不順從國教，並且支持法國大革命，因此成了英國宣洩反革命情緒的一個標靶。1791年7月14日，也就是法國大革命的兩週年紀念日，伯明罕的暴徒燒毀了普里斯利的家。他和家人一起逃往倫敦，最終被迫流亡，移居到美國。他孤獨終老，堅持燃素理論，和主流化學的科學家產生矛盾。

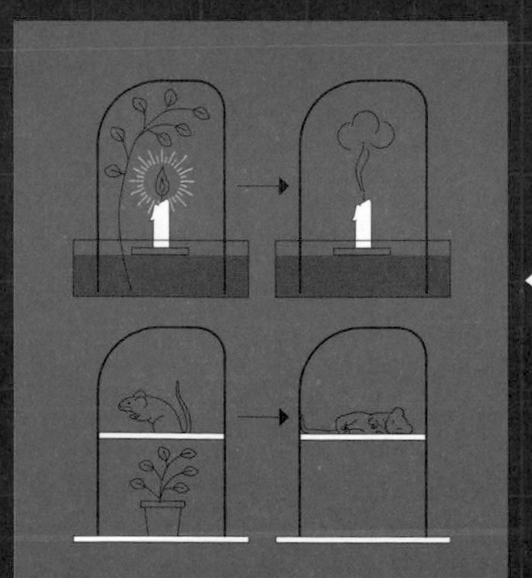

普里斯利透過實驗證實植物會產生氧氣。他發現燃燒的蠟燭和老鼠只能在有植物的密封罐裡存活。蠟燭和老鼠都要依賴植物產生氧氣。（反之，植物也依賴牠們產生的二氧化碳。）

拉瓦節與化學革命

安東萬—洛朗·拉瓦節（Antoine-Laurent Lavoisier）被尊為「化學革命」之父，是他那個時代——或許也是有史以來——最偉大的化學家。他雖然沒有發現任何新元素，但主要卻是靠他，化學才終於轉變成一門科學。在法國大革命終結他的生命前，他釐清了氧的角色、定義了「元素」一詞，還提出了科學命名法。

謀生的工具

安托萬—洛朗·拉瓦節（1743-1794年）是一位富裕律師的兒子，接受過昂貴的教育和法律訓練，之後才展開科學工作，最初是一位地質學家。他因此開始接觸化學，並為了進入名聲響亮的科學院而成立實驗室，最後也達成了目標。為了讓自己有收入可供研究之用，拉瓦節加入了民間的徵稅公司Ferme Générale，專門為國王收稅（見第89頁欄目），這也決定了他未來的命運。當時科學變得愈來愈專業，因此也很花錢，特別是拉瓦節需要的精密儀器。

拉瓦節買得起最好的設備，促使他成為出色的化學家。

他在1772年把注意力轉向氣動化學，進行磷和硫的燃燒實驗，發現在空氣中燃燒時，磷和硫的重量會增加。他還發現用木炭（碳）加熱密陀僧（一氧化鉛，一種鉛礦石）時，會還原出鉛、釋出氣體並減輕重量。

這項發現和燃素說相互矛盾。燃素說認為，把礦石還原成鉛，需要添加燃素而不是去除某種成分。拉瓦節於是步上了

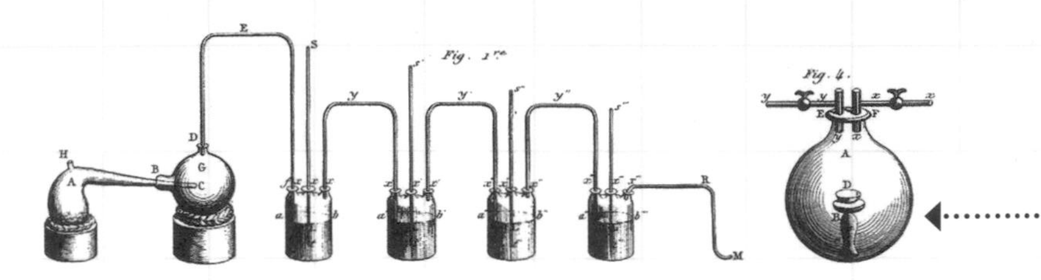

《化學基本論述》中的插圖。

拉瓦節實驗室的設備，收藏於法國巴黎的工藝美術博物館。

破除燃素神話的路。

燃燒的祕密

兩年後，拉瓦節得知普里斯利發現「去燃素的空氣」。他親自試驗這種新的氣體，結果很快就了解這是和燃燒、還原、呼吸、發酵和酸化過程都有關的元素。他重複普里斯利的研究，證明了這種新的氣體是維持生命的大氣成分之一，剛開始把它取名為「極適呼吸的氣體」，並證明燃燒和呼吸作用會把這種氣體轉換成約瑟夫·布拉克所定義的「固定的氣體」（二氧化碳）。1777年，拉瓦節已經準備好用新的「燃燒通用理論」來取代燃素，並為新的燃燒原理取了新的名字：氧。他對酸的研究已經顯示有氧存在，因此他把這種「極適呼吸的氣體」叫做「酸素」或「氧素」。（氧的英文「oxygen」源自希臘文的「產酸者」。）

有了氧的新概念，拉瓦節就能證明燃素說弄錯了。燃燒、呼吸和生鏽是添加氧，還原則是損失氧。混合木炭和氧，就會得到固定的氣體。當拉瓦節學會在氧氣中燃燒氫氣來製造水時，最後一片拼圖也補上了。他得以證明水是一種化合物，結合了氫（hydrogen，拉瓦節用希臘文中的「製水者」來命名）和氧。

科學定義

拉瓦節化學生涯的巔峰是在1789年他發表《化學基本論述》（*Traité Élémentaire de Chimie*）之時。他以清晰、有邏輯的方式闡述他的發現和推理，支持了他現代化、科學化的化學認知：「我們只能相信事實：這些都是大自然呈現給我們的，不會騙人。在一切情況下，我們都應該把自己的推理交給實驗去檢驗，只能透過實驗和觀察的自然途徑尋求真理。」

拉瓦節在化學方面的重要創新之一，是對元素有了決定性的新定義：「分析所能達到的最後一步」——換句話說，就是無法再分解的物質。他承認隨著技術的進步，過去無法分解的某些物質後來可能被證明是化合物。也確實，他所列舉的33種元素，有幾種被證實是氧化物。他還預測有幾種鹼土（無法再分解的鹼性固體）會被證實是金屬氧化物，後來韓福瑞・戴維（Humphry Davy）也真的用新的電解技術從熔化的鹽類中分離出鹼土金屬（見第112-113頁）。

拉瓦節的「平衡表」方法，是化學這門科學上的另一個偉大貢獻。他使用昂貴又非常靈敏的儀器，改進了測量反應物和生成物的技術，無論是固體、氣體或液體皆然，並強調準確量化反應物和生成物的重要性。這也促使他定義出物質守恆定律（見右欄）。

「我們可以把它當成毋庸置疑的定律：在所有工藝與自然的操作中，沒有任何東西是憑空創造出來的；實驗前和實驗後必定存在等量的物質；元素的質和量完全相同；除了改變這些元素的組合外，不會發生任何事。化學實驗的整個技術都是以這個原則為基礎。我們一定要假設，受驗主體的元素和其分析產物的元素，是完全相同的。」

——安托萬—洛朗・拉瓦節

拉瓦節最大的錯誤

拉瓦節也不是不會犯錯。他這套新系統的一個核心層面就是一種假想的熱元素，叫做熱質（caloric）。雖然熱質是一種沒有質量、察覺不到的物質，但行為應該像液體或氣體，而拉瓦節主張氧氣其實是氧和熱質的混合物，由熱質來決定它的相。這和燃素說一樣是個死胡同，而且從許多方面來說，只是把古典時代的火元素換了個名稱而已（見第82-83頁）。

怪咖的復仇

拉瓦節擁有非常多的成就。除了化學研究以外，他也是個勤奮的稅務官，參與了許多公民和政府事務，包括協助制定公制單位系統、協助巴黎當局在城市周圍建造一道不受歡迎的反走私牆。不幸的是，面對一個復仇心極強的科學外行人，他的任何成就都救不了他。在成為法國大革命激進的領導人之前，尚-保羅・馬拉（Jean-Paul Marat，1743-1793年）原本是一位有抱負的業餘科學家，想加入科學院，但被拉瓦節擋下。後來，取得大權的馬拉指控這位化學家，說他企圖用牆來「監禁」巴黎。審判時，拉瓦節請求開恩，好讓他能繼續從事研究，但被法官駁回。而他雖然也支持革命，卻因為從事令人憎恨的收稅工作而落得毫無轉寰餘地。他在1794年5月8日被送上斷頭台處決。

氧與氧化還原反應

拉瓦節提出氧的概念，改變了化學，並且證實是化學領域中最重要的原理之一。氧不僅是極其重要的元素，它形成鍵結和離子的過程（也就是氧化還原反應）更是燃燒、電化學、呼吸作用、光合作用，以及酸和鹼化學的核心。

氧的規則

現在我們知道，氧的外殼層中有六個電子，所以還需要兩個電子來滿足八隅體法則——換句話說，它的原子價為2（見第64-65頁）。這表示其他元素要和氧鍵結（氧化）時，會透過提供兩個電子來結合，而化合物失去氧（還原）時，則是收回這些電子。

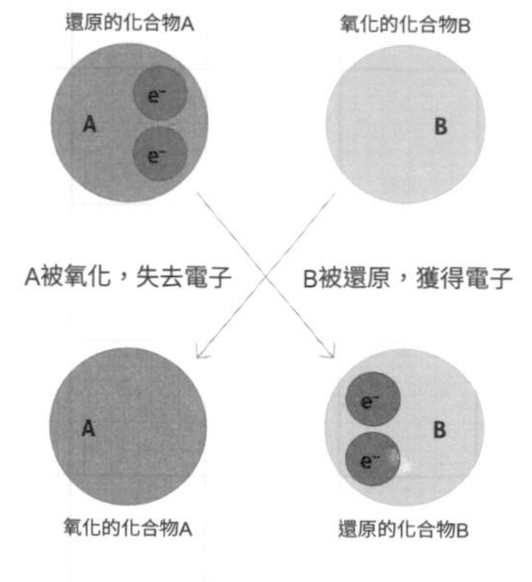

還原的化合物A
氧化的化合物B
A
e^-
e^-
B
A被氧化，失去電子
B被還原，獲得電子
A
B
e^-
e^-
氧化的化合物A
還原的化合物B

有**氧化**就有還原。

然而，現在所說的還原和氧化已經不只是失去氧或和氧結合，而是指任何獲得或失去電子的反應。由於還原和氧化一定會同時發生，所以它們就像是一枚硬幣的兩面——由兩個半反應共同組成氧化還原反應。請記住，最重要的法則是：還原=獲得電子，氧化=失去電子。

擴大定義

氧化還原反應包括我們已經提過的反應，例如燃燒、生鏽、中和、置換和電化學反應。由於牽涉到氧化還原的反應範圍很廣，可以透過三種方式來定義還原與氧化：

還原可以是獲得電子，但也可以是失去氧，或是得到氫——這三種情況都是一樣的，因為都有淨得到負電荷。因此，鋅的陽離子（帶正電的離子）變成金屬鋅時，經由獲得電子而還原。紅色的汞礦灰（氧化汞，HgO）被加熱到分解成汞和氧時，因為失去氧而還原。一氧化碳（CO）和氫氣（H_2）結合產生甲醇（CH_3OH）時，一氧化碳經由得到氫而還原。

氧化可是失去電子、得到氧或丟掉氫。所以鈉和氯化物結合形成食鹽（Na+Cl → NaCl）時，鈉因為提供一個電子給氯而氧化。碳燃燒時則因為獲得氧原子而氧化成二氧化碳。甲醇逆向反應（$CH_3OH \rightarrow CO+2H_2$）時，甲醇丟掉氫，氧化成一氧化碳。

置換反應

在所有反應中，有一種物質還原，就會有另一種物質氧化，反之亦然。置換反應就是一個很好的例子，例如銅置換硝酸銀溶液中的銀：

$$Cu\ (s) + 2AgNO_3\,(aq) \rightarrow Cu\,(NO_3)_2\,(aq) + 2Ag(s)$$

這種反應實際發生時，硝酸銀因為是溶液而分裂成離子（$Ag^+ + NO_3^-$），硝酸根離子不參與反應。銀離子氧化了銅（稱為氧化劑），而銅則還原了銀。方程式只顯示活性離子：

$$Cu\ (s) + 2Ag^+\,(aq) \rightarrow Cu^{2+}\,(aq) + 2Ag(s)$$

進一步拆成半反應，可清楚了解氧化還原反應中的電子轉移（電子為e^-）：

$$Cu\ (s) \rightarrow Cu^{2+}(aq) + 2e^-\ \text{[氧化]}$$
$$2Ag + (aq) + 2e^- \rightarrow 2Ag(s)\ \text{[還原]}$$

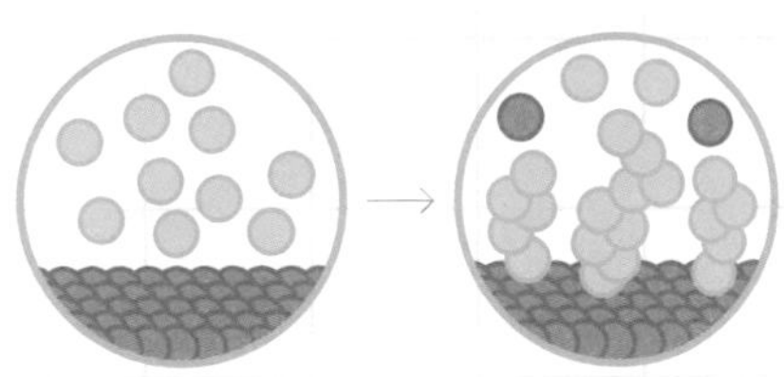

銅（Cu）置換硝酸銀溶液中的**銀（Ag）**。

氫與「氣球熱」

從許多角度而言，氫都是最初的元素——是週期表中的第一個元素，也是自然界經由大霹靂所產生的第一個元素。氫依然是宇宙中最常見的元素，絕大部分的宇宙都是由氫構成的。在地球上，它也許是讓未來更環保的關鍵，但它最著名的應用卻是飛行。

重要元素

氫約占宇宙主體的四分之三，所有分子的90%以上。雖然這種新元素最早是卡文迪西描述的，但其實早在中世紀，煉金術士就已經製造出氫，因為他們經常使用強酸和金屬，結合後會產生氫。17世紀，法國的泰奧多爾・杜克・德・梅耶（Theodore Turquet de Mayerne，1573-1655年）和尼古拉・萊默里（Nicolas Lemery，1645-1715

人類乘坐氣球的最早記錄是在**1783年的巴黎**，搭乘的是約瑟夫和埃提安納・蒙哥菲亞（Joseph and Etienne Montgolfier）兄弟（左）設計的巨型熱氣球。

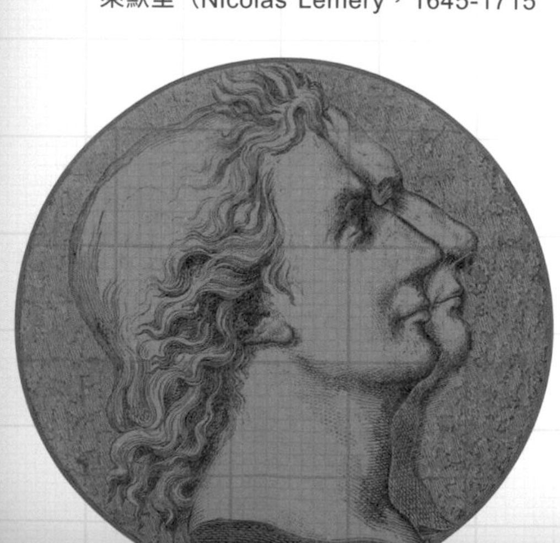

年）把鐵加入硫酸，產生了氫，並發現它極度易燃，但他們以為氫只是硫磺的一種形式。直到拉瓦節分解了水，才知道氫是一種元素，並且為它命名。

卡文迪西用氫氣吹肥皂泡，觀察它們的浮力，拉瓦節則進行了精確的測量，發現氫的重量只有普通空氣的1/13。不久大眾就都看到了這種新氣體的明確用途。1782年，和兄弟共同經營造紙公司的約瑟夫—米歇勒．蒙哥菲亞（Joseph-Michel Montgolfier，1740-1810年）思考能不能把充了氣的紙袋用來進行軍事空襲。隔年，蒙哥菲亞兄弟以熱空氣作為浮力，但同年8月在巴黎，科學家賈克．亞歷山大．夏勒（Jacques Alexandre Charles，1746-1823年）讓一個裝滿氫氣的絲綢袋上升得更快、更高。

未來的燃料？

氫非常有可能就是未來的能源。分解水能產生氫，然後讓氫和氧在燃料電池中結合就能產生電能。反應中唯一的產物是水，因此沒有汙染。以氫作為燃料的想法並不是現在才有。早在1874年，朱爾斯．凡爾納（Jules Verne）小說中的人物就宣告：「我相信有一天水會成為燃料。氫和氧構成水，無論是單獨還是一起，都將提供取之不盡、用之不竭的熱源和光源……水將會是未來的煤炭。」

氣球競賽

到了9月，蒙哥菲亞兄弟在凡爾賽宮讓載著綿羊、鴨子和公雞的熱氣球升空，引起了轟動。法國於是掀起一股「氣球狂熱」，世界其他國家也緊隨其後。全世界都在等待，看誰能搶先載人升空。

11月21日，「蒙哥菲亞氣球」在巴黎首次載人升空。短短十天後，夏勒也乘著氫氣球升空，他這氣球具有許多現代熱氣球的功能，包括柳條籃、包覆橡膠的氣密氣球、排氣系統和壓載系統。他此行吸引了40萬人聚集，相當於巴黎的一半人口。儘管大家如此興奮，還是有人懷疑這些新裝置的實用性。但約瑟夫．給呂薩克（Joseph Gay-Lussac）在1804年進行了一趟著名的升空之旅，搭乘氫氣球飛抵巴黎上空7公里高處，也因此發現了人在大氣中能夠呼吸的極限高度。氣球狂熱逐漸消退，但在20世紀的齊柏林飛船時代之前，氫氣都被用在熱氣球上，之後才被氦氣取代。

科學命名系統

拉瓦節和他的法國學派的其中一個遺贈，就是引進一種新的化學語言，一種科學的語言。這套新系統揚棄了在化學發展過程中隨機建立起來的舊術語和命名系統，帶來清晰的定義和清晰的思想，直到今日仍然伴隨我們。

化學的混沌

幾千年來，煉金術和工業界建立了一個雜亂的命名系統。名稱都來自不同的傳統、語言和地區，可能取自地點、製造方法、主觀性質（例如味道、氣味、稠度和顏色）、發現者，或是占星術和魔法的影響等等。同一種化學物質可能有好幾個名稱，反映出不同的歷史淵源，或者只是不同的生產方法。以硝酸為例，從硝石中蒸餾出來時就叫硝石靈，或是硝強水。「土」、「油」和「氣」等名詞既不具體，用法也不一致，而同一種物質的名稱也可能因為不同的相或是在溶液中而不一樣。

改進後的語言

18世紀，由於發現新的元素和化合物，大家開始關注這個問題，並嘗試改革命名法，將它標準化。瑞典化學家托爾貝恩・貝里曼（Torbern Bergman）提出和植物命名法相似的系統，影響了法國化學家路易—貝拿爾・蓋頓・德・莫沃（Louis-Bernard Guyton

路易—貝拿爾・蓋頓・德・莫沃（1737-1816年）。

de Morveau，1737-1816年）。他建議化學名應該要簡短、以古典字根為基礎，並能反映出物質的組成。

蓋頓的想法在1787年出版的《化學命名法》中實現了。這本書是蓋頓、拉瓦節和另外兩位化學家共同撰寫的。但書中提出的系統具有爭議，因為它是根據拉瓦節的理論而來的——對許多化學家而言，尤其是在英國和德國，這些理論尚未得到證實。例如混合體（化合物）的名稱，是把組成混合體的單體（元素）名稱結合產生的。但這取決於拉瓦節對元素的定義，以及他主張水等大家都很熟悉的物質其實是混合體的說法。

在新的方案下，密陀僧或白鉛成了氧化鉛，而臭氣則成了硫化氫。沒有了燃素，只有33種物質是元素。近期新發現的元素（例如氧和氫）是根據它們的化學性質而不是主觀特性來命名，但這些名稱再次反映了拉瓦節的理論。字首顯示出比例，例如硫酸含有的酸素（氧氣）多於「亞」硫酸。

對拉瓦節而言，改革命名法對化學非常重要：「精良的語言才能創造出精良的科學。」

負面反應

這個新系統是建立在拉瓦節的理論之上，因此引進時遭遇了不少困難。但德國和英國的化學家為了閱讀拉瓦節的著作，也只能學習它的原則，於是這個系統就慢慢流行了起來。它甚至在拉瓦節的理論被修正了之後還屹立不搖——例如，韓福瑞．戴維證明鹽酸不含氧、推翻了拉瓦節氧是酸素的理論時，照理應該要更改名稱才對。英國人接受了新的古典名稱，但是在德國，許多新名稱都是翻譯來的，所以氧仍然是「酸物質」（Sauerstoff），而氫則是「水物質」（Wasserstoff）。

「由於思想是透過語言來保存和交換的，所以必然的結論是：我們只要改善任何一門科學的語言，就勢必會同時改善這門科學本身。我們也不可能……在不改善語言或命名法的情況下，改善一門科學。」

——安東萬—洛朗．拉瓦節，《化學基本論述》

4

原子與離子

拉瓦節的化學革命改變了化學原本的研究方式，也啟發了新一代的科學家。不過這門新興的科學想成為真正量化的科學，還缺乏許多像牛頓賦予物理學的特性，例如簡單的數學原理和定律。本章會說明這些原理和定律，描述它們的發現過程，並介紹一種新的電工具，可用來分析物質。

原子量與原子理論

雖然化學如今已經是一門不折不扣的科學，但在許多方面卻仍帶有神祕色彩。哪些物質是元素？元素由什麼組成？它們如何組成化合物？化學家如何才能找出這些化合物的分子式？物質的微觀世界似乎永遠看不透，直到一個單純的發現讓一切變得清晰。

固定比例

羅伯特·波以耳等人在17世紀就已經復興了原子論，而大半個科學界也都接受了牛頓的推論。牛頓認為物質是獨立、不可分割的粒子，透過類似重力但規模很小的吸引力和排斥力相互作用。換句話說，原子的微觀世界反映著行星和衛星的宏觀世界。

這項理論聽起來很合理，但因為缺乏直接探索原子世界所需的強大技術，它在化學的原子論出現之前幾乎沒有實際用處。1788年，法國化學家約瑟夫—路易·普羅斯特（Joseph-Louis Proust）發現了「定組成定律」，又叫「定比定律」。從前認為化合物的組成可以改變，例如某些水體可能比其他水體擁有更多的氧。但普羅斯特仔細分析之後發現事實並非如此。化合物全部都是由元素依照

「化合物具有同樣的質量比例，和來源或數量都無關。」

約瑟夫—路易·普羅斯特（1754-1826年）發現著名的「定組成定律」。

固定的簡單重量比組成的，而且這些比例都是整數。

新的系統

約翰·道爾頓（John Dalton，見第100-101頁）發現，原子論可用來解釋普羅斯特的定律：化合物一定是由獨立的粒子所組成，而且這些粒子的重量必定相差整數倍。道爾頓在1808年發表了《化學哲學的新體系》，這是化學原子論的基礎教科書。他在書中說明，每種元素都有各自獨特的原子，相對重量各不相同。他沒有推測原子的其他性質（當時也無法檢驗這些性質），但他利用仔細的定量化學方法，得出不同元素的原子相對重量。

當時已知氫是最輕的元素，因此道爾頓把它的原子量定為1，並據此計算其他元素。對水的分析顯示，水的成分為氧和氫，重量比為8：1。道爾頓假設，大自然會讓事物盡可能簡單，所以水的配方很可能也是最簡單的：一個氫原子對一個氧原子。因此，氧的相對重量或原子量必定是8。透過這些重量，他就能計算出其他元素的重量。實際上，道爾頓的假設經常出錯，導致他計算失誤，所以他所提出的原子量很少是準確的。不過他建立了化學原子論，使化學家走上量化科學之路。

質量與重量

「原子質量」和「原子量」這兩個詞，有時可以交替使用。但兩者雖然都是以原子質量單位（amu）來表示，卻還是有所不同。

原子質量是原子的質量數，也就是質子和中子的總和。相同元素的原子具有不同的中子數，因而有不同的質量數，這就叫做同位素（見第132-133頁）。在大自然中，元素通常是以同位素混合的形態存在。例如碳以三種不同的同位素形式存在：碳-12、碳-13和碳-14，原子質量分別為12、13和14。

原子量則是同位素原了質量的平均值，取決於哪一種同位素含量最多。碳主要是以碳-12的形式存在，所以碳的平均原子質量為12.011（12），這就是原子量。

原子質量

$^{12}_{6}C$

約翰·道爾頓 John Dalton

約翰．道爾頓（又譯道耳頓）是個出身平凡的英國鄉下人，沒受過什麼正規教育，和當時的學術中心也沒什麼聯繫，但後來還是變得很有名。他的發現協助推動了化學的發展，而他的職業生涯在整個科學界的演進中也標記著一個重要的階段。

小鎮科學家

約翰．道爾頓（1766-1844年）出生於英格蘭北部昆布利亞郡一個虔誠的貴格會家庭，注定和19世紀的英國科學界無緣。當時的英國科學界集合了擁有特權、仕紳地位的業餘科學家，還有以倫敦皇家學會為中心的當權派。

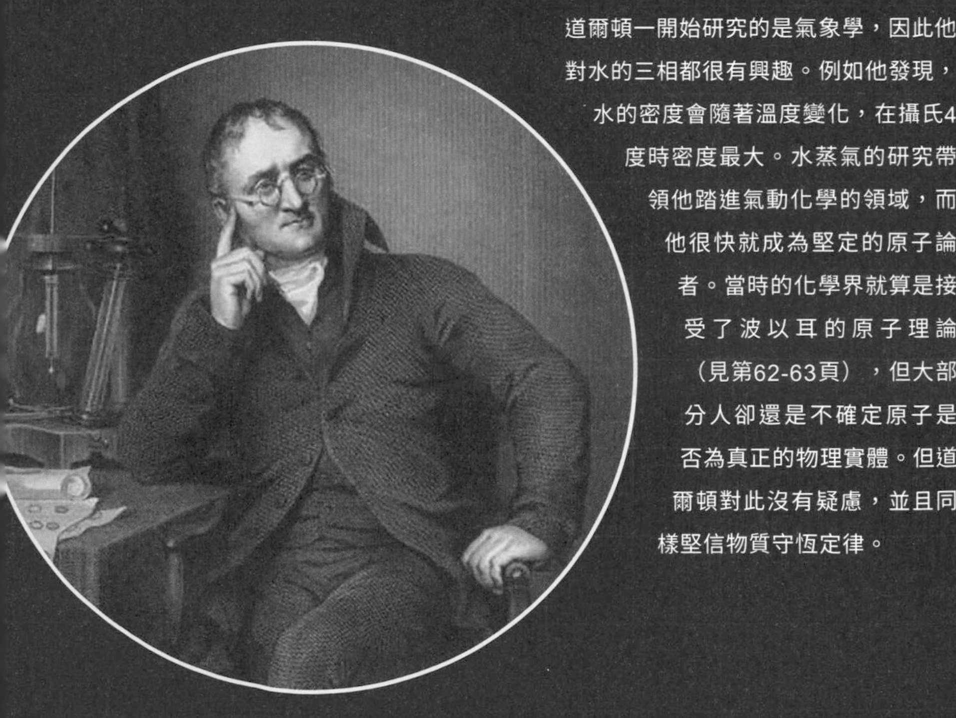

身為不屬於國教的貴格會教徒，道爾頓就算負擔得起學費，也被禁止進入優秀的大學。因此他只能在鄉村學校接受教育，讀到12歲，然後開始在學校教書。後來他也當過校長、講師，最後是私人家教，並搬到曼徹斯特，在貴格會教友的鼓勵下進行科學研究。

道爾頓一開始研究的是氣象學，因此他對水的三相都很有興趣。例如他發現，水的密度會隨著溫度變化，在攝氏4度時密度最大。水蒸氣的研究帶領他踏進氣動化學的領域，而他很快就成為堅定的原子論者。當時的化學界就算是接受了波以耳的原子理論（見第62-63頁），但大部分人卻還是不確定原子是否為真正的物理實體。但道爾頓對此沒有疑慮，並且同樣堅信物質守恆定律。

道爾頓定律

他從原子論的角度看氣體，結果制定出今日所謂的道爾頓定律，或稱「道爾頓分壓定律」，並於1801年發表。道爾頓定律指出，在混合氣體中，每種氣體都獨立產生壓力，所以各氣體分壓的總和就是總壓。不過這只適用於理想氣體（見第56-57頁），所以這個定律更準確的說法是，在氣體混合物中（例如大氣），個別氣體之間沒有化學交互作用。

道爾頓的原子量學說為他帶來了更大的名氣，但身為一個鄉下局外人，又不願意加入皇家學會（他認為那只是一群業餘愛好者），同時代的人對他的評價也不見得都是好的。雖然如此，道爾頓還是揚名國際，他的葬禮有4萬人參加。

新類型的科學家

道爾頓可說是一個新類型：在鄉下地區和倫敦仕紳的業餘科學組織之間的關係日益緊張的時代，一個沒有地位或家產的人成為專業的科學家。道爾頓在英國科學促進會（BA）的成立過程中扮演了重要角色，這是除了皇家學會以外的另一種選擇，也反映了科學界不斷提升的專業水準。這個機構在1831年成立，每年開會一次，大部分都不在倫敦，是英國科學界發表重大進展的論壇。

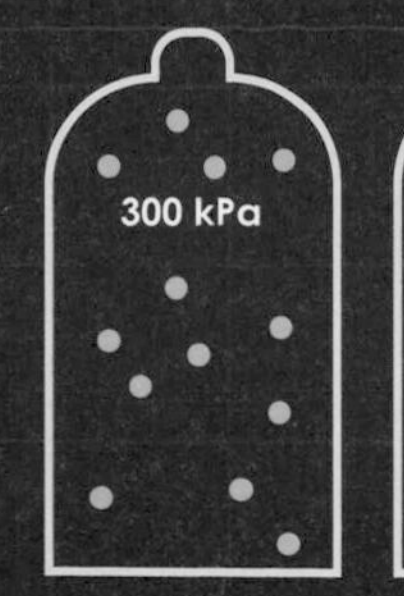

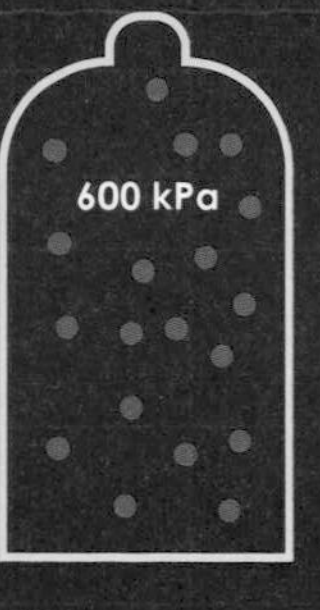

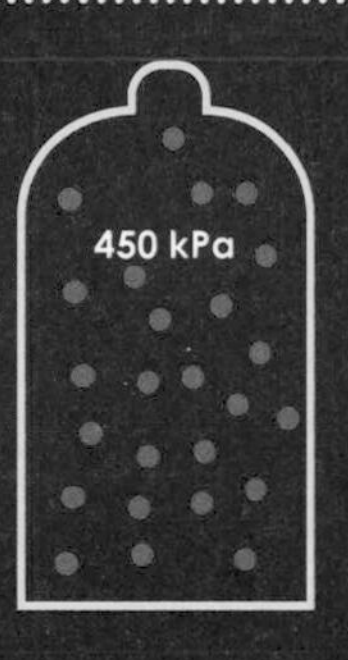

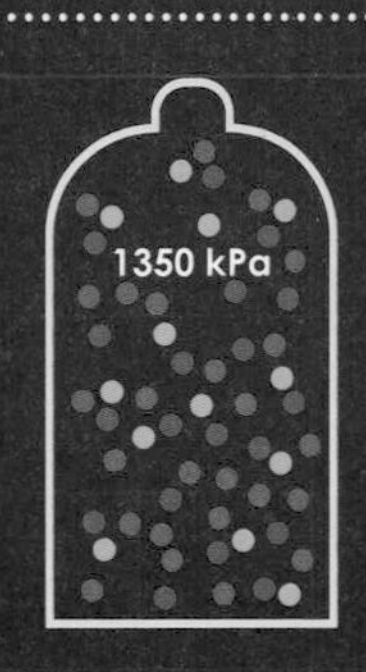

理想氣體混合後的總壓，以kPa（千帕）表示，相當於組成氣體分壓的總和。

莫耳與亞佛加厥數

原子和分子都非常微小，無法直接拿來秤重或計算數量。這就是莫耳派上用場的時候，可以讓化學家了解原子量與實際的重量和測量值之間的關係，並可找出化合物實際的分子式。莫耳是微觀世界和宏觀世界之間的橋梁。

用秤重來計算數量

1莫耳的意思是：物質中含有的粒子數剛好和12公克的碳-12同位素中所含的原子數一樣多。粒子可以是任何東西——原子、分子、離子或電子，只是必須註明清楚。12克的碳-12中含有的原子數，叫做亞佛加厥數，以19世紀率先提出莫耳概念的科學家命名（見第104-105頁）。一莫耳是6.0221367 x 10^{23}，也就是6020億兆，或是602後面有21個零。莫耳讓我們得以透過秤重來計算數量。莫耳把元素的原子量換算成公克，方便化學家在現實世界中使用。莫耳不只能把原子量轉換成公克，也能把分子量或式量轉換成公克。「式量」是化合物中所有原子的原子量總和。以水分子（H_2O）為例，兩個氫原子分別是一個原子質量單位（amu），氧則是16 amu，原子質量總和是18 amu。所以水的式量為18 amu，一莫耳水的重量為18克。（因為有同位素的關係，這些元素的原子量並不是整數，在此四捨五入簡化處理。）

$$6.0221367 \times 10^{23}$$

未知的數字：這組以亞佛加厥命名的數字並不是他本人提出的。最早為這個數字命名的是法國物理學家尚．佩蘭（Jean Perrin，1870-1942年），時間在1908年。

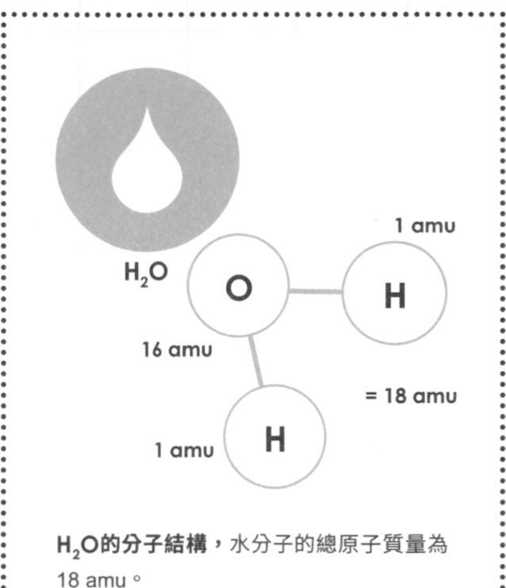

H_2O的分子結構，水分子的總原子質量為18 amu。

莫耳的應用

莫耳對化學家而言是個強大的工具。假設你有22.99克的鈉（Na），想要結合氯（Cl）來製造食鹽，但又不想加入過多的反應物造成浪費，你知道要使用多少氯嗎？很簡單，因為鈉的原子量是22.99 amu，所以你有1莫耳的鈉。你也知道食鹽的化學式為NaCl，所以每一個鈉原子需要搭配一個氯原子，或是每1莫耳的鈉需要搭配1莫耳的氯。氯的原子量為35.453，因此需要35.453克的氯。實際上，沒有100%有效的反應，所以不是每個反應物的粒子都會發生反應，這只是讓你理解這個概念。把氣體拿來秤重非常耗時間，但幸好可以把莫耳的概念轉換成液體和氣體的體積單位（見右欄）。

其他的莫耳度量單位

和莫耳概念有關的術語，有莫耳質量和莫耳體積：

莫耳質量是指1莫耳物質的質量，單位為公克／莫耳（$g\ mol^{-1}$）。

莫耳體積（V_M）是指1莫耳物質占據的體積，和密度有關，因此也跟溫度和壓力有關。不過液體的密度變化不大，所以液體在室溫下和海平面時的莫耳體積，在很大的範圍內都適用。對氣體而言，V_M必須視溫度和壓力而定。在標準溫度和壓力下，任何氣體的V_M都是22.4 dm^3。

莫耳讓我們能透過秤重來計算數量。莫耳把元素的原子量轉換成公克，方便化學家在現實世界中使用。

阿密迪歐·亞佛加厥 Amedeo Avogadro

阿密迪歐．亞佛加厥用大膽的新觀念建立起微觀世界和宏觀世界之間極為重要的連結，但他在當代並未受到重視。雖然接受過律師訓練，但在展開科學生涯之前，他也上過數學、化學和物理學的私人課程。

引路的明燈

約翰．道爾頓對原子量的研究似乎遇到了難以克服的障礙。雖然能找出化合物中元素的相對比例，但卻無法和化合物的分子式連結。例如道爾頓假設，水是氫和氧1：1的混合物，但他弄錯氧的原子量，顛覆了他的整個系統。

阿密迪歐．亞佛加厥（1776-1856年）是來自義大利北部的貴族。他指出了一條明路，引進了莫耳的概念，如此一來就能計算實際的原子量，並由此得出實驗式（見第110-111頁）。亞佛加厥一直從事法律工作到1800年，然後才開始接受科學教育，成為數學物理學家。

搭起橋梁

亞佛加厥的突破是以法國化學家約瑟夫．給呂薩克（1778-1850年）的兩項發現為基礎。第一，所有氣體都會隨著溫度升高而等量膨脹。第二則是「化合體積定律」：氣體發生反應時，各氣體的體積會成簡單的整數比。例如2體積的氫氣 ＋ 1體積的氧氣 → 2體積的蒸氣。道爾頓自己沒有領悟到，給呂薩克的定律就相當於普羅斯特的「定組成定律」（見第98-99頁），可以證實他的原子理論。

「在同溫同壓下，相同體積的所有氣體都含有相同數量的最小粒子。」

——阿密迪歐・亞佛加厥

亞佛加厥倒是看出了其中關連。他大膽指出，給呂薩克的第一個發現代表「在同溫同壓下，相同體積的所有氣體都含有相同數量的最小粒子」，也就是現在所謂的亞佛加厥定律。後來他把這些粒子叫做「分子」，並提出氧和氫之類的氣體可能是雙原子分子。透過他的定律和化合體積定律，亞佛加厥算出：氫和氧必定是以2：1的比例結合成水，因此水的分子式一定是H_2O。這終於讓人得以計算出元素正確的原子量。

不幸的是，亞佛加厥傑出的想法在當時並沒有任何影響力（見右欄）。必須等到1860年，他已經去世之後，義大利化學家斯坦尼斯勞・坎尼扎羅（Stanislao Cannizzaro，1826-1910年）才證明了亞佛加厥假說的威力，迫使科學界重新思考。相反地，關於原子量和分子式的爭論與疑惑則持續下去。

無名英雄

為什麼亞佛加厥的想法被忽略了？應該是多種因素造成的結果。亞佛加厥生活在杜林，離當時的科學權力中心很遠。同時大家都知道他是個糟糕的實驗者，這表示其他化學家不會認真看待他，而他也破壞了自己的事業，因為他無法用堅強的數據來支持自己的假說。就連他指出氧和氫是雙原子分子也害了他，因為當時的主流理論是永斯・貝吉里斯（Jöns Berzelius，見第108-109頁）提出的，認為相同元素的原子會互斥。

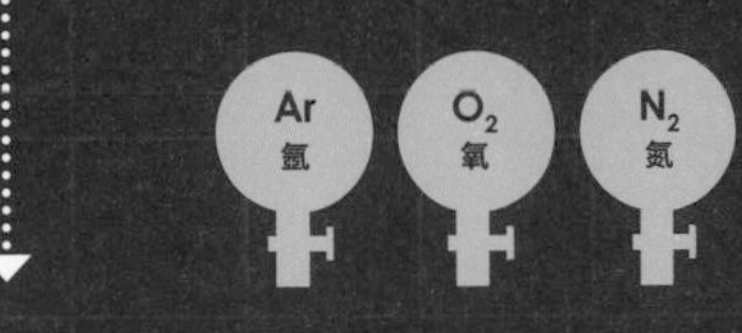

體積：	22.4l	22.4l	22.4l
質量：	40g	32g	28g
量：	1 mol	1 mol	1 mol
壓力：	1 atm	1 atm	1 atm
溫度：	273K	273K	273K

亞佛加厥定律：不同氣體的質量和分子式雖然不同，但在標準壓力和溫度下，1莫耳氣體所占的體積必定是22.4公升。

離子與電荷

電化學的出現開創了令人興奮的科學新領域。為了了解這種先進的技術，我們快速複習一下離子和電荷的基本知識，包括不同離子型態的名稱。這些名稱看上去或許很複雜，但實際上很有邏輯性。

尋求穩定性

正如我們在第二章讀到的（見第64-65頁），原子的最外價殼層會失去或獲得電子，以達成穩定的電子組態。當原子給予或接受一個或多個電子時，質子數和電子數就變得不相等了。這時原子會得到正電荷或負電荷，成為離子。

根據八隅體法則，原子形成離子時，會失去或獲得電子——因為它們想擁有和週期表中最接近的惰性氣體相同的電子組態。例如形成食鹽（NaCl）時，鈉提供一個電子給氯。鈉原子變成電荷為+1的陽離子（帶正電的離子），符合氖的電子排列；氯原子則變成電荷為-1的陰離子（帶負電的離子），符合氬的電子組態。元素名稱後方上標的文字代表電荷，所以鹽含有Na^+和Cl^-離子。

離子化合物是帶正電和帶負電的離子之間受靜電吸引而形成的，會產生離子鍵。鹽類是典型的離子化合物，由酸和鹼（通常是金屬）反應形成。金屬鹽通常會形成晶格結構。

多樣化的物種

「物種」是化學家用來描述離子型態的詞語，包括「單原子」和「多原子」離子。元素或化合物能夠產生的離子物種受週期定律的控制（見第124-125頁）。例如在單原子離子中，鹼金屬形成電荷為+1的陽離子，氧和硫則形成電荷為-2的陰離子。在英文中，陰離子的名稱以「-ide」結尾，所以氧和硫的陰離子，分別是氧化物（oxide）和硫化物（sulfide）離子。

過渡金屬具有不同的氧化態（見第90-91頁）。這表示它們可以形成帶有不同正電荷的離子，電荷相當於氧化態。氧化態（也就是電荷）通常在括號中用羅馬數字表示，但也可以用命名規則來表示。在英文中，氧化態較低的離子名稱以「-ous」結尾，所以鐵（II）Fe^{2+}是二價鐵（ferrous），而鐵（III）Fe^{3+}則是三價鐵（ferric）。

多原子物種非常多，大部分是「氧陰離子」——也就是含有氧的陰離子。在英文中，氧陰離子的名稱通常以「-ate」結尾。那些電荷相同但氧原子較少的化合物則以「-ite」結尾，所以SO_4^{2-}是硫酸鹽（sulfate），但SO_3^{2-}是亞硫酸鹽（sulfite）。其他重要的多原子陰離子包括碳酸氫鹽（又叫酸式碳酸鹽，HCO_3^-）、硝酸鹽（NO_3^-）和亞硝酸鹽（NO_2^-）、氫氧化物（OH^-）、氰化物（CN^-）和過氧化物（O_2^-）。

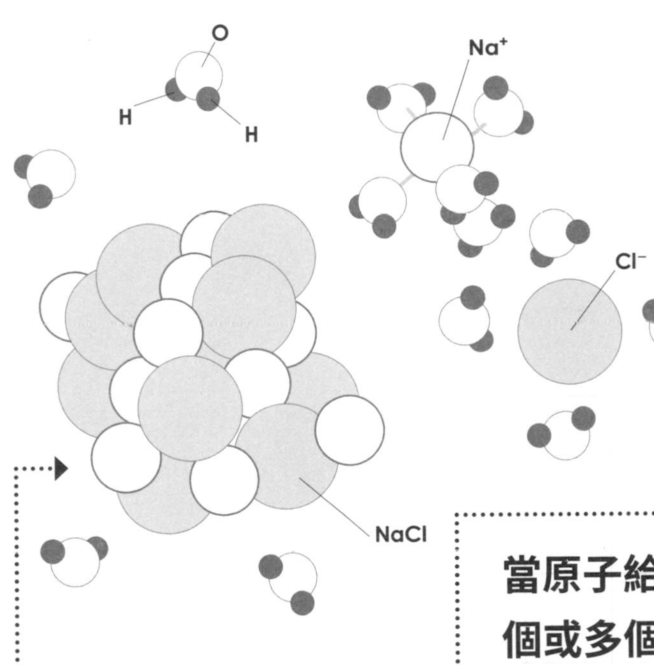

食鹽（NaCl）是透過強大的離子鍵結合在一起的晶體。把鹽放在水中攪拌溶解時，離子鍵會斷裂，將離子釋放到水中。每個Na^+和Cl^-離子都會吸引水分子的殼層，避免離子重新形成晶體。這種過程就叫「水合」。

當原子給予或接受一個或多個電子時，質子數和電子數就變得不相等了。這時原子就會得到正電荷或負電荷。

永斯·雅各布·貝吉里斯 Jöns Jacob Berzelius

繼拉瓦節之後，化學界的下一位傑出人物就是永斯．雅各布．貝吉里斯了。他有許多的發現，也改善了他的科學理論和操作。在探索過電解的新技術後，他又改進了定量化學的技術，發現新的元素和化合物，也設計了標記系統，成功地主導了歐洲的化學。

伏打堆的力量

永斯．雅各布．貝吉里斯（1779-1848年）出生於瑞典的韋弗桑達（Vöversunda）。他閱讀了每一本可以取得的化學教科書，克服了早期接受教育的困難。雖然他受了醫師的訓練，但他真正的愛好是化學，尤其是電化學的新領域。電化學的誕生是因為伏打（Volta）在1800年發明了伏打堆（見右欄）。

1803年，貝吉里斯把電極放入中性的鹽溶液中，注意到在正極周圍形成「酸」的成分，在負極周圍則形成「鹼」。幾年後，韓福瑞．戴維（Humphry Davy）利用電解法分離出鈉、鉀和鹼土（見第114-115頁）。貝吉里斯於是堅信，電對於分解化合物和鍵結元素是非常重要的。他以此為基礎，制定出「二元論」，把所有物質分成帶正電或帶負電。他認為以帶負電的物質作為酸、以帶正電的物質做為鹼時，就會形成鹽類。同時他也堅信，氧是所有酸和鹼的必要成分。

貝吉里斯大幅改善了原子量和分子式的計算。

精準度與影響力

貝吉里斯在定量化學中達到了準確度的新標準，大幅改善了原子量和分子式的計算。他持續製備、純化和分析2000多種物質，包括幾種新的元素。但他的二元論排斥亞佛加厥的雙原子分子理論，導致一些重要元素的原子量和分子式非常混亂，尤其是氣體。

除了其他成就之外，貝吉里斯還證實了有機化合物也和無機化合物一樣，遵循相同的組成比例法則，並且協助描述了有機化學中的一些重要現象。但他最傑出的成就也許是：儘管生活在斯德哥爾摩，遠離歐洲的科學中心，但大約從1820年開始，他就成功主導了歐洲的化學界。透過編寫一本不斷更新的標準教科書，以及編輯一本重要的年鑑，貝吉里斯成了化學界的守門員。不過在後來幾年中，他變得愈來愈故步自封、事事阻攔，且因為被邊緣化而怨念很深。

伏打堆

伏打堆徹底改變了許多科學研究，但這項發明其實非常簡單：在交替堆疊的銀片和鋅片之插入浸過鹽水的紙板。這種原始電池的發明者是義大利的亞歷山卓．伏打（Alessandro Volta，1745-1827年），並以他命名為伏打堆。伏打堆能產生足夠的電壓，進行電解。物理學家威廉．尼克爾森（William Nicholson）和外科醫師安東尼．卡萊爾（Anthony Carlisle）得知有這種新設備後，馬上自己製造了一個，用它把水分解成氧和氫。這兩位英國人在伏打發表他這種設備的論文之前，就先出版了他們的研究結果。

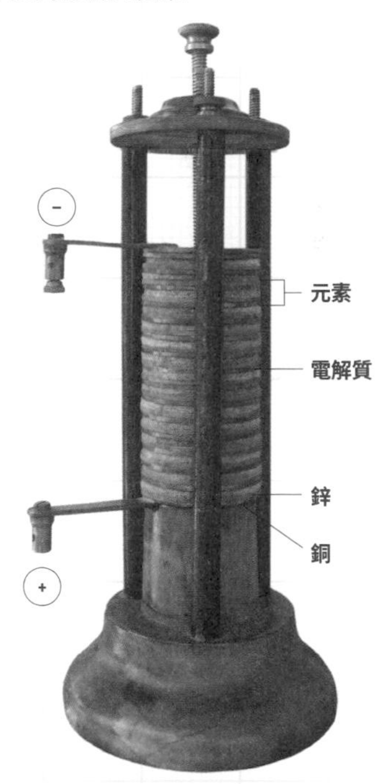

化學符號

19世紀化學家的夢想就是為化學引進和數學一樣嚴謹的精確度，就像牛頓改變物理學一樣。現在任何讀化學的人都知道他們成功了，因為如今沒有什麼比化學方程式更能代表這一項成就。貝吉里斯的永恆成就之一，就是搭起了這座橋梁。

符號的需求

貝吉里斯於1813年開始建立新的標記系統，用符號來代表化學比例。和命名法一樣（見第94-95頁），過去的標記方法也很雜亂，反映了幾千年來化學在許多文化和語言中不穩定的發展歷程。煉金術士通常使用來源神祕、含意豐富的符號，但發現了新物質、對元素有新的理解之後，就需要採用新的方法了。

約翰．道爾頓把自己的系統和一系列簡單的圖表組合在一起，但卻存在著明顯的缺陷。貝吉里斯說明，化學符號應該是字母，並決定使用元素拉丁名稱的第一個字母，例如硫=S。如果某元素的首字母和另一個元素相同，則使用前兩個字母，例如矽=Si。如果兩個元素的前兩個字母都相同，那麼就使用它們的首字母和第一個不同的輔音，例如stibium（銻）=St，stannum（錫）=Sn。第118-119頁的元素週期表顯示了每個元素的字母組合。印刷業者十分喜歡這套系統，因為可以使用他們既有的字模，於是很快就成為通用標準。

現代版的化學符號中，元素符號後面的下標數字代表分子中的原子數，而若是

各種煉金術符號的**印刷版**。

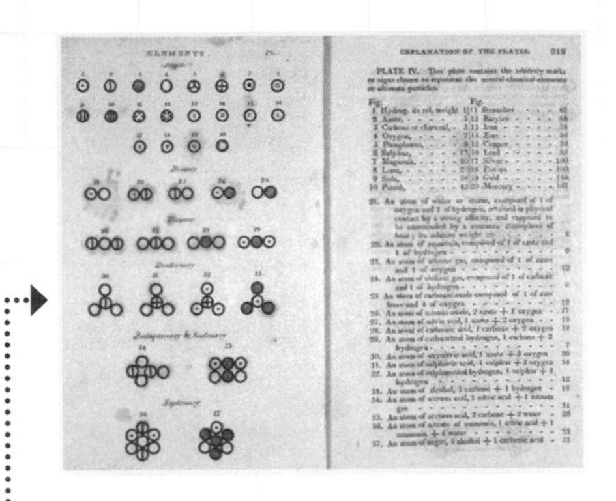
ELEMENTS.

EXPLANATION OF THE PLATES.

道爾頓為元素設計了一套**新的符號系統**，但是不好用，因為印刷業者必須替符號製作新的字模，所以一直沒有流行起來。

離子，元素符號後面的上標文字則代表正電荷或負電荷。元素符號前面的下標數字代表原子序，上標則代表質量。原子質量也代表元素的同位素，例如^{12}C就是碳-12。

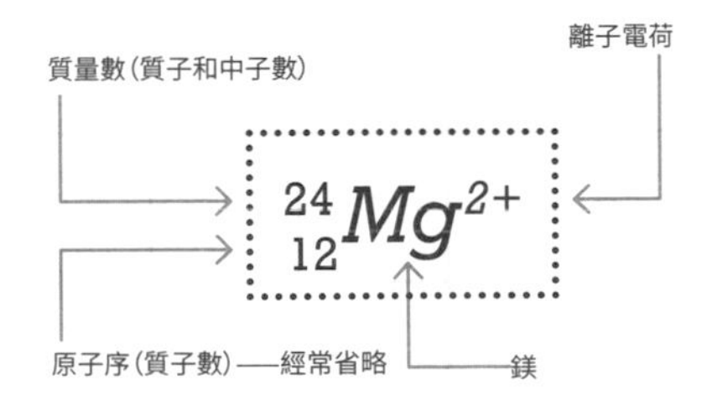

成功的方程式

在新的系統中，把符號放在一起就可以代表化合物，而且貝吉里斯還引進了一種慣例，就是每個符號代表物質一倍的體積或質量，其他倍數則由係數（符號前面的數字）表示。現在，化學方程式也可以像數學方程式那樣編寫了。在方程式中，兩邊用箭頭→隔開，箭頭顯示從反應物到產物的方向。許多化學反應是可逆的：能夠雙向進行，但其中一個方向可能比另一個方向發生得快。最後兩個方向發生的速率會相等。在這種情況下，就使用雙向箭頭：⇌

「物質守恆定律」對化學方程式具有重要意義：由於無法創造或消滅原子，所以方程式的其中一邊必須和另一邊擁有相同數量的原子。換句話說，化學方程式必須達到平衡。以氫+氧=水的等式為例，由於氫和氧都是雙原子，所以寫成：

$$H_2 + O_2 \rightarrow H_2O$$

但這個方程式沒有達到平衡，因為左邊有2個氧原子，右邊卻只有1個氧原子。為了使兩邊相等，需要在H_2和H_2O的前面各加上係數2，使得每一邊有4個氫原子和2個氧原子：

$$2H_2 + O_2 \rightarrow 2H_2O$$

這就叫「檢查平衡」。

電解

電解的意思就是「用電來分解」，而伏打堆問世後，電解就成了分析化學家手中一種強大的新工具。電解池或電化學池可以用來分離離子、產生氧化還原和置換反應、分解化合物，以及分離出純的元素。

動力反應

電解是一種讓電流通過、使浸入電解質的電極上產生化學反應的方法。電極是固體，通常是金屬條，連接到電池或伏打電池之類的電源上。如同電池有正極和負極兩端，電極也有正極或負極。正極叫陽極，負極叫陰極。電解質是導電溶液，或是帶有可導電離子的液體。鹽水（鹽溶液）是典型的電解質。在鹽水中，氯化鈉會分解成鈉陽離子（帶正電荷的離子），和氯陰離子（帶負電荷的離子），受到電極吸引時，會在溶液裡移動。

電流流動時，電子會移動到陰極，使它帶負電荷，因而吸引陽離子。同時，陽極帶正電，吸引陰離子。因為電子流動的關係，電解質和電極的交界處會發生化學反應。陰極會得到電子，引起還原反應，而陽極則是損失電子，引起氧化反應。因此，電解池是為氧化還原反應提供動力的一種裝置（見第90-91頁）。

電解的應用

尼克爾森和卡萊爾是最早使用伏打堆的人（見第109頁），他們把鉑絲電極放進一碗水裡，結果成功分解了水。水分

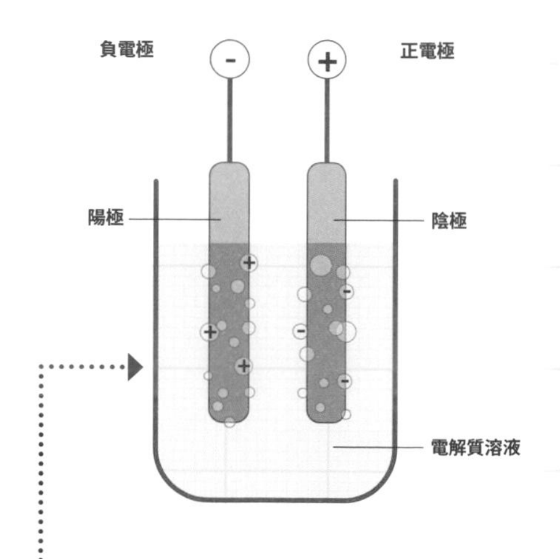

電解鹽水（氯化鈉溶液）。在電極和電解質接觸的地方會發生還原和氧化反應。結果形成氫氧化鈉溶液，而氯氣和氫氣則以氣泡的形式冒出。

解時，氫的陽離子受到陰極吸引，在陰極獲得電子，還原為氫氣，冒出溶液。在陽極，氫氧根離子被氧化，生成水和氧氣：

$$4OH^-(aq) \rightarrow O_2(g) + 2H_2O(l) + 4e^-$$

貝吉里斯則用電解池來分解鹽的離子（見第108-109頁），就像電解鹽溶液一樣。氯離子受到陽極吸引，在陽極氧化成氯氣：

$$2Cl^-(aq) \rightarrow Cl_2(g) + 2e^-$$

Na^+陽離子移動到陰極，但要還原鈉離子比還原氫離子需要更多的能量，因此產生氫氣，鈉則形成氫氧化鈉：

$$2Na^+(aq) + 2H_2O(l) \rightarrow H_2(g) + 2NaOH(aq)$$

電鍍

電極本身也可以參與電解反應。例如把銅電極浸入硫酸銅溶液中，讓電流通過，陽極處的銅原子就會氧化成銅的陽離子。陰極處的銅陽離子則還原成銅原子，沉積在電極表面。最後陽極漸漸消失。這個過程可用來電鍍陰極：把陰極換成一個金屬物體，它的表面就會鍍上薄薄一層銅。這就是鍍金鍍銀的方法，也可以透過類似的過程從礦石中提取金屬。

手腕上的電解反應

電池或伏打堆基本上就是逆向運行的電解槽，所以會產生電能，而不是用掉電能。手表電池是一種乾電池，鋅外殼是陽極，鋼陰極則在電池的中心。電解質是含有氧化汞的鹼性糊劑。大部分小型設備都使用乾電池，汽車使用的則是溼電池。

1882年早期**鎳電鍍設備**的插圖。

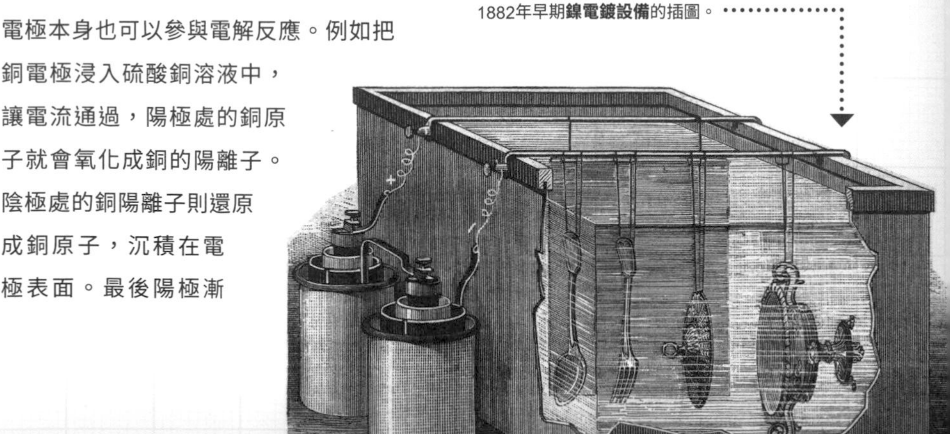

韓福瑞·戴維 Humphry Davy

和永斯·雅各布·貝吉里斯同時代的一個偉大人物，是英國化學家韓福瑞·戴維。為了讓化學這門科學受到矚目，他付出的努力超越任何人。雖然他對基礎理論的貢獻不像其他人那麼重大，但他的發現和發明卻讓他成為當時最有名的化學家，或許也是有史以來最出名的化學家。

快樂氣體

韓福瑞·戴維於1778年出生在英格蘭康瓦耳的朋占斯（Penzance）。雖然原本是個貧窮的鄉下人，但他還是透過科學功成名就。他和貝吉里斯一樣，靠教科書學習化學，也和其他許多化學家一樣，原本是藥劑師的學徒。1798年，他在布里斯托的氣學研究所找到一份工作，這個機構專門把最新的氣學發現應用於醫學上。

戴維在1799年發表第一篇論文，裡頭抨擊了拉瓦節的熱質說，論證熱是運動，但光是物質。戴維用一氧化二氮（N_2O，也就是笑氣）進行實驗，並把自己當作白老鼠，結果發現它有產生幻覺的效果，開始引起大眾的注意。雖然戴維提議可以把這種氣體當成麻醉劑，但有45年時間都沒被當回事，反而是在社交聚會上，吸食這種氣體變成了一種時尚。

最高榮譽

戴維在1800年證實伏打堆產生的電流來自鋅的氧化，這項發現讓他獲選為皇家學會院士。1801年，他成為倫敦皇科學學院的新星，在那裡開始一系列大眾講座。根據拉瓦節的預測，鉀鹽和蘇打是金屬的氧化物，只是當時無法被分解，於是戴維製造了當時最強的伏打堆。他電解它們的「熔化」狀態，分離出純的鉀和鈉。翌年他又用同樣的方法分離出鹼土金屬。

這幅1802年的諷刺畫描繪的是英國皇家學院的**笑氣實驗**，韓福瑞．戴維（右）正在操作風箱。

研究酸時，戴維分解鹽酸，發現鹽酸中不含氧，卻含有氯。他分離出氯並為它命名，推翻了拉瓦節關於氧的理論。戴維在1812年受封為爵士，並拒絕為自己發明的安全燈（見右欄）申請專利，放棄了一大筆財富，但倒是成了男爵——這是有史以來授予科學家的最高榮譽。他成為皇家學會主席，但因為開始捲入爭論，嘗試躋入上流社會，科學生涯反而逐漸黯淡。他花更多時間旅行和釣魚，在1829年去世於瑞士。

「當他看到微小的鉀粒子衝破鉀鹽外殼、進入大氣然後著火……他欣喜若狂地在房間裡跳來跳去。」

——埃德蒙．戴維（Edmund Davy）

拯救生命的燈

賦予戴維最大榮耀的發明，是他的礦工安全燈，也就是戴維燈。1815年，有人請他幫忙找出一種能保護礦工不被「沼氣」傷害的辦法——沼氣由易燃的甲烷累積而成，如果接觸到火焰的熱就會爆炸。戴維發現，如果在火焰的周圍裝上金屬紗網，就能迅速吸收熱量，同時讓光線穿過孔洞。火焰不再熱到足以點燃甲烷。這表示只要把燈芯裝入一個有孔洞的圓柱內，就能製造便宜又耐用的安全燈。

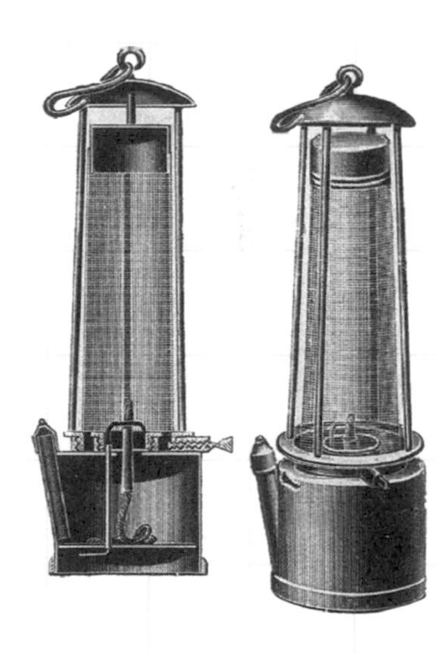

戴維燈還可以當作氣體偵測器，火焰會根據在場氣體的種類燒得更旺、變小或變色。

5

元素週期表

元素週期表的發現，讓無機化學的發展和對元素的追尋都達到了高潮。元素週期表是一個簡單的架構，將化學革命的各種發現彙整成了一個有邏輯而統一的整體。本章說明元素週期表的基本原理，描述元素週期表的發現和確認過程，並介紹後續的化學發展中最重要的領域，也就是核化學和有機化學。

元素週期表

現在的元素週期表裡有118種元素，其中原子序較高的元素非常不穩定，可能只在粒子加速器的碰撞室裡存在過幾分之一秒而已。為了避免元素週期表太寬，「f區」的元素（鑭系和錒系元素）通常會被拉出來，在另一個區塊獨立呈現。

右頁的元素週期表顯示出118種已知的元素，按照原子序遞增的順序排列。相同的顏色代表屬性相似的元素類別。請注意，因為氫（H）很難歸類，所以在某些版本的元素週期表裡，氫（H）會自成一格。

下方的表格則列出109種元素的名稱和原子量，這些是公認的元素名稱，並經過國際純化學暨應用化學聯合會（IUPAC）認可。

公認的元素名稱

Ac 錒 227
Ag 銀 107.8682
Al 鋁 26.9815
Am 鋂 243
Ar 氬 39.948
As 砷 74.9216
At 砈 210
Au 金 196.9665
B 硼 10.811
Ba 鋇 137.327
Be 鈹 9.0122
Bh 鈹 264
Bi 鉍 208.9804
Bk 鉳 247
Br 溴 79.904
C 碳 12.0107
Ca 鈣 40.078
Cd 鎘 112.411
Ce 鈰 140.116
Cf 鉲 251
Cl 氯 35.453
Cm 鋦 247
Cn 鎶 285
Co 鈷 58.9332
Cr 鉻 51.9961
Cs 銫 132.9055
Cu 銅 63.546
Db 𨧀 262
Ds 鐽 278
Dy 鏑 162.5
Er 鉺 167.259
Es 鑀 252
Eu 銪 151.964
F 氟 18.9984
Fe 鐵 55.845
Fm 鐨 257
Fr 鍅 223
Ga 鎵 69.723
Gd 釓 157.25
Ge 鍺 72.64
H 氫 1.0079
He 氦 4.0026
Hf 鉿 178.49
Hg 汞 200.59
Ho 鈥 164.9303
Hs 𨭆 277
I 碘 126.9045
In 銦 114.818
Ir 銥 192.217
K 鉀 39.0983
Kr 氪 83.8
La 鑭 138.9055
Li 鋰 6.941
Lr 鐒 262
Lu 鎦 174.967
Md 鍆 258

鹼金屬

過渡金屬

其他非金屬

鹼土金屬

其他金屬

鹵素

鑭系元素

類金屬

惰性氣體

錒系元素

元素週期表

1	2	3	4	5	6	7	8	9	10	11	12	13	14	15	16	17	18
1 H																	2 He
3 Li	4 Be											5 B	6 C	7 N	8 O	9 F	10 Ne
11 Na	12 Mg											13 Al	14 Si	15 P	16 S	17 Cl	18 Ar
19 K	20 Ca	21 Sc	22 Ti	23 V	24 Cr	25 Mn	26 Fe	27 Co	28 Ni	29 Cu	30 Zn	31 Ga	32 Ge	33 As	34 Se	35 Br	36 Kr
37 Rb	38 Sr	39 Y	40 Zr	41 Nb	42 Mo	43 Tc	44 Ru	45 Rh	46 Pd	47 Ag	48 Cd	49 In	50 Sn	51 Sb	52 Te	53 I	54 Xe
55 Cs	56 Ba	57–71 ☆ lanthanides	72 Hf	73 Ta	74 W	75 Re	76 Os	77 Ir	78 Pt	79 Au	80 Hg	81 Tl	82 Pb	83 Bi	84 Po	85 At	86 Rn
87 Fr	88 Ra	89–103 ☆☆ actinides	104 Rf	105 Db	106 Sg	107 Bh	108 Hs	109 Mt	110 Ds	111 Rg	112 Cn	113 Uut	114 Uuq	115 Uup	116 Uuh	117 Uus	118 Uuo

*鑭系元素	57 La	58 Ce	59 Pr	60 Nd	61 Pm	62 Sm	63 Eu	64 Gd	65 Tb	66 Dy	67 Ho	68 Er	69 Tm	70 Yb	71 Lu
**錒系元素	89 Ac	90 Tn	91 Pa	92 U	93 Np	94 Pu	95 Am	96 Cm	97 Bk	98 Cf	99 Es	100 Fm	101 Md	102 No	103 Lr

Mg 鎂 24.305
Mn 錳 54.938
Mo 鉬 95.94
Mt 鿏 268
N 氮 14.0067
Na 鈉 22.9897
Nb 鈮 92.9064

Nd 釹 144.24
Ne 氖 20.1797
Ni 鎳 58.6934
No 鍩 259
Np 錼 237
O 氧 15.9994
Os 鋨 190.23

P 磷 30.9738
Pa 鏷 231.0359
Pb 鉛 207.2
Pd 鈀 106.42
Pm 鉕 145
Po 釙 209
Pr 鐠 140.9077

Pt 鉑 195.078
Pu 鈽 244
Ra 鐳 226
Rb 銣 85.4678
Re 錸 186.207
Rf 鑪 261
Rg 錀 283

Rh 銠 102.9055
Rn 氡 222
Ru 釕 101.07
S 硫 32.065
Sb 銻 121.76
Sc 鈧 44.9559
Se 硒 78.96

Sg 𨭎 266
Si 矽 28.0855
Sm 釤 150.36
Sn 錫 118.71
Sr 鍶 87.62
Ta 鉭 180.9479
Tb 鋱 158.9253

Tc 鎝 98
Te 碲 127.6
Th 釷 232.0381
Ti 鈦 47.867
Tl 鉈 204.3833
Tm 銩 168.9342
U 鈾 238.0289

V 釩 50.9415
W 鎢 183.84
Xe 氙 131.293
Y 釔 88.9059
Yb 鐿 173.04
Zn 鋅 65.39
Zr 鋯 91.224

元素週期表的先驅

19世紀初，發現元素的熱潮以及對原子量和定比定律的解釋似乎都在醞釀著某件事：一場重大的融合，可以統整微觀的世界，就像牛頓的萬有引力定律統整了宏觀世界那樣。但這個劃時代的突破會由誰來實現呢？

化學正在醞釀的這件事就是元素週期表，這是偉大的俄國化學家迪米崔・門得列夫（Dmitry Mendeleyev）的腦力結晶（見第122-123頁）。但在發現元素週期表之前，還有三個重要的理論雛型——它們都窺見了整個週期表的局部，只是當時的化學知識不夠完整，因此無法成立，最後門得列夫才終於在1869年揭露週期表的全貌。

三元組定律

週期表先驅中的第一人，是德國化學家約翰・沃爾夫岡・德貝萊納（Johann Wolfgang Döbereiner，1780-1849年）。他指出近期發現的元素溴，不僅具有介於氯和碘中間的性質，原子量也介於兩者之間。在研究其他元素的時候，他發現另外兩組「三元組」：鈣—鍶—鋇和硫—硒—碲。他在1829年發表了「三元組定律」，但當時已知的54種元素中，似乎只有9種適用，因此並未引起什麼注意。

約翰・沃爾夫岡・德貝萊納（1780–1849）。

鹼組合

符號	A（原子質量）
鋰（Li）	7
鈉（Na）	23
鉀（K）	39

鹽類組合

符號	A（原子質量）
氯（Cl）	35.5
溴（Br）	80
碘（I）	127

碲螺旋

亞佛加厥的理論在1860年終於被接受，於是有了經過修正、更準確的原子量表。法國地質學家亞歷山大—埃米爾·貝吉耶·德·尚古多（Alexandre-Émile Béguyer de Chancourtois，1820-1886年）是率先按照修正後的原子量依序排列元素的第一人。他把原子量呈螺旋狀排列，畫在一個圓柱上，結果發現性質相似的元素都排在垂直的同一欄中。他把這個模式叫做「碲螺旋」，因為碲位於系統的中心。不幸的是，尚古多在1862年發表論文時，期刊漏掉了他的說明圖，使得讀者無法看到他的螺旋排列。不意外，他沒有引起什麼注意。

八度律

短短兩年後，英國化學家約翰·紐蘭茲（John Newlands，1837-1898年）按照原子量漸增的順序，把元素排成7列。他發現這種模式賦予元素列相似的屬性：每一種元素都和前面的第八種元素相似。身為音樂理論的愛好者，他把這個情形比作八度音階的第八個音，並將序列稱為「八度律」。紐蘭茲在1865年的論文中提出他的理論，但他的說法有很多漏洞，尤其是在原子量較大的時候，規律就會被打破，因此他遭到嘲笑。門得列夫的系統發表後，紐蘭茲宣稱是他先發現的，雖然他的排列方法因為缺乏某些創新而無法像門得列夫的那麼高明。最後皇家學會在1887年頒了戴維獎章給紐蘭茲。

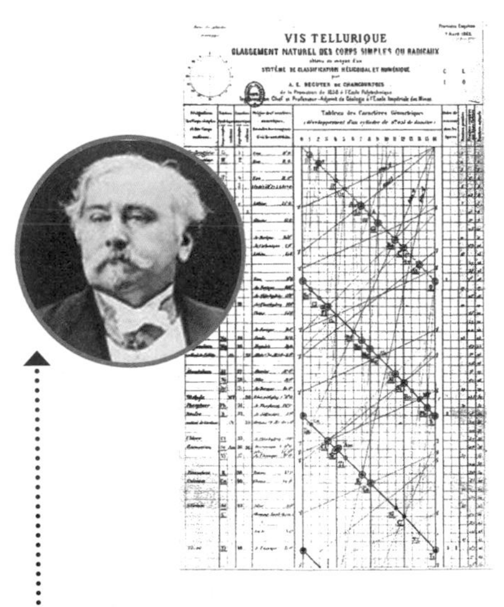

德·尚古多的說明圖，用來解釋碲螺旋的概念。他1862年的論文因為少了這張圖而沒有受到重視。

紐蘭茲週期表

H	Li	Be	B	C	N	O
F	Na	Mg	Al	Si	P	S
Cl	K	Ca	Cr	Ti	Mn	Fe

紐蘭茲週期表的一部分，依原子量漸增的順序排列，每列有七個元素。

迪米崔·門得列夫
Dmitry Mendeleyev

迪米崔·門得列夫被譽為繼拉瓦節之後最偉大的化學家，他為工業和農業化學進行重要的工作、協助制定俄國的度量衡，並編輯具有里程碑意義的教科書。但他永垂不朽的成就是週期定律，也就是眾所周知的元素週期表，與達爾文和牛頓的成就並列。

啟示之夢

迪米崔·門得列夫（1843-1907年）出生於西伯利亞，是一個大家庭中年紀最小的孩子。他是位出色的學生，克服了疾病，獲得到德國向羅伯特·本生（Robert Bunsen）學習的獎學金（見第130-131頁），後來又回到俄國，在聖彼得堡大學教書。

1869年，在編撰一本新的教科書時，門得列夫不禁開始思考能不能根據某種系統或定律來排列元素。他熟悉德·尚古多的研究，並開始按照自己的順序排列元素。他發現，鹵素、氧族和氮族可以在週期表中按照原子量遞增的順序排列。為了找出一個更廣泛的規律，以便納入其他所有元素，他在卡片上寫下每種元素的名稱和原子量，並將它們垂直排列。苦思了三天之後，他睡著了，並且作了一個有名的夢：「我在夢中看見一張表格，在那上面，所有的元素都歸位了……」

大膽的新系統

門得列夫的論文《元素的建議系統》中有一張表，其中元素依原子量遞減的方式排列在欄中，使得每一列的元素具有相似的性質。他的排列方法非常大膽而具有革命性，因為他打破了那些讓前人窒礙難行的限制。他在必要的時候打亂了某些元素的順序，在它們的原子量旁邊標註問號，並在沒有任何元素符合規律的地方留下了空白。

他的每一個水平列（或「族」）都和當中元素的電子價（結合能力）有某種關連性，讓門得列夫更加深信這張表是準確的。若以垂直的方向看，電子價從鋰排的1上升到碳排的4，然後再回到1，規則為1、2、3、4、3、2、1，呈現週期性的上升和下降。這就是他一直在尋找的週期定律。雖然有一些不一致的地方，但他有足夠的信心，認為可以忽略。

一個科學理論真正的考驗，是提出能被驗證的預測，而門得列夫的週期定律就做到了這點。門得列夫不僅可以預測錯誤的原子量，還可以預測未知元素的存在，包括它們可能的原子量，甚至是它們的性質。這些未知的元素包括原子量預測為68的「類鋁」（eka-aluminum，eka在梵文中表示「一」的意思），和原子量預測為70的「類矽」（eka-silicon）。

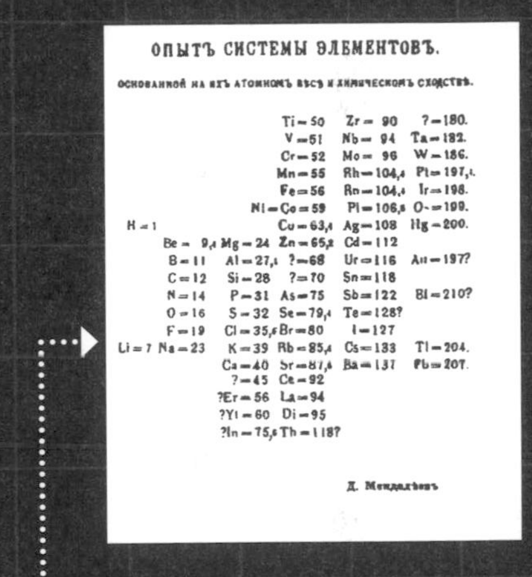

ОПЫТЪ СИСТЕМЫ ЭЛЕМЕНТОВЪ.

ОСНОВАННОЙ НА ИХЪ АТОМНОМЪ ВѢСѢ И ХИМИЧЕСКОМЪ СХОДСТВѢ.

			Ti=50	Zr=90	?=180.
			V=51	Nb=94	Ta=182.
			Cr=52	Mo=96	W=186.
			Mn=55	Rh=104,4	Pt=197,4
			Fe=56	Rn=104,4	Ir=198.
			Ni=Co=59	Pl=106,6	Os=199.
H=1			Cu=63,4	Ag=108	Hg=200.
	Be=9,4	Mg=24	Zn=65,2	Cd=112	
	B=11	Al=27,4	?=68	Ur=116	Au=197?
	C=12	Si=28	?=70	Sn=118	
	N=14	P=31	As=75	Sb=122	Bi=210?
	O=16	S=32	Se=79,4	Te=128?	
	F=19	Cl=35,5	Br=80	I=127	
Li=7	Na=23	K=39	Rb=85,4	Cs=133	Tl=204.
		Ca=40	Sr=87,6	Ba=137	Pb=207.
		?=45	Ce=92		
		?Er=56	La=94		
		?Yt=60	Di=95		
		?In=75,6	Th=118?		

Д. Менделѣевъ

門得列夫原始俄文版的元素週期表，週期以垂直而非水平的方式排列。元素旁邊的問號，是指他預測存在但尚未被發現的元素。

這座元素週期表的紀念碑位於斯洛伐克布拉提斯拉瓦的斯洛伐克科技大學，中央是門得列夫的肖像。

「我從來沒有懷疑過這項定律的普適性，因為它不可能是偶然的結果。」

——迪米崔・門得列夫

週期定律

門得列夫發現的週期定律雖然在往後幾年間還有經過調整，但它就是無機化學的關鍵。有了這個定律，化學家既能看懂這個領域的宏觀大局，也能看懂微觀細節，把元素按照相似的物理與化學屬性分類，還能預測它們會如何相互作用，甚至預測有哪些尚未發現的元素存在。

替元素排序

和過去試圖排出元素週期表的先人一樣，門得列夫也是根據原子量來排列元素。當時次原子粒子的概念還在推測階段，無法知道質子是否存在，更不用說計算它們的數量。這對新的週期系統造成問題，因為原子量並不會影響元素的化學性質。外（價）殼層中的電子數由質子數（也就是原子序）來決定，和元素的化學性質有關（見第28-29頁）。因此，現代的元素週期表是按照原子序排列，因為原子序的主要功能就是把化學行為相似的元素呈現出來。

元素週期表把元素分成七列，或稱「週期」，同一列的元素原子序由左向右遞增。這就讓排在同一直行的元素形成「族」，同一族的元素具有相似的物理性質和化學性質。

下圖顯示前四個週期，分別有2、8、8和18個元素。這個順序和重複規律的化學和物理性質之間有什麼關連呢？這些數字告訴我們的是各週期的價殼層大小。第一週期有氫和氦，它們的價殼層

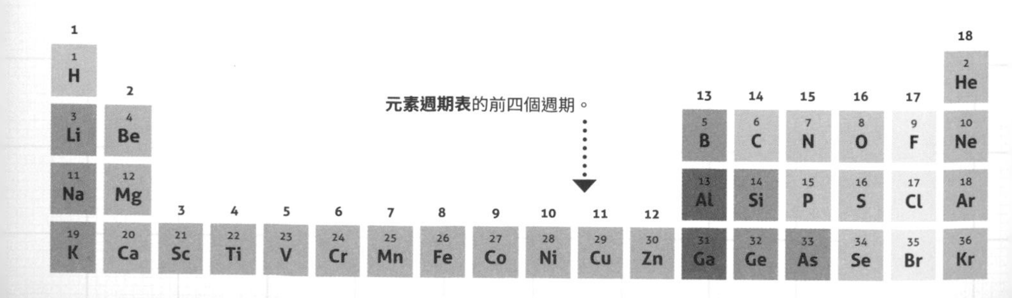

元素週期表的前四個週期。

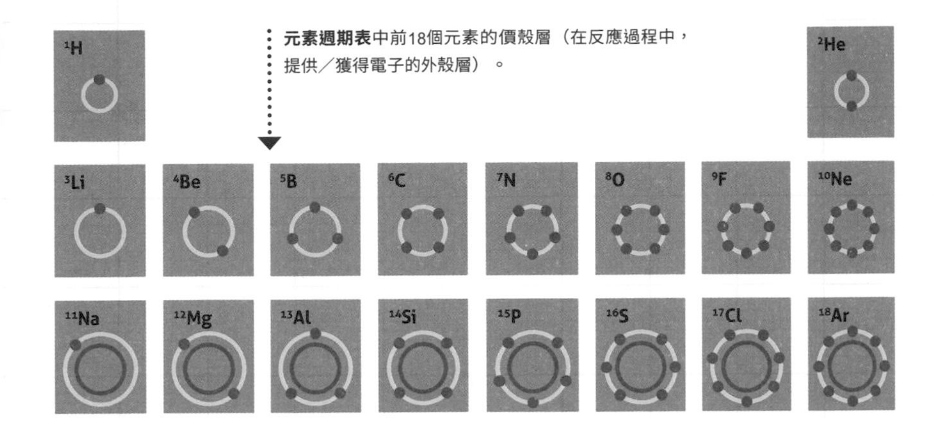

元素週期表中前18個元素的價殼層（在反應過程中，提供／獲得電子的外殼層）。

只有一層電子殼層，只能容納2個電子。下一週期的電子殼層最多可容納8個電子，第三週期也是，而第四週期可容納18個電子。上圖顯示週期表中前18種元素的價殼層組態。殼層其實還可以再分為軌域，所以實際情形會比這裡描述的更複雜一些（見第129頁）。

預測能力

正如門得列夫所證實的那樣，週期定律是一種強大的工具，讓化學家得以預測尚未發現的可能元素。好幾年過去，都沒有人發現類鋁和類矽，這是門得列夫預測存在的兩種元素。法國化學家保羅・勒科克・德・布瓦伯德朗（Paul Lecoq de Boisbaudran，1838-1912年）決心要找到其中之一。他知道類鋁的原子量約為68，因此在鋅的礦石中尋找，鋅的原子量約為65。最後他利用光譜學（見第130-131頁）鑑定出一種新元素，原子量為69.72，命名為鎵。

更多的發現進一步證實了門得列夫是對的。1879年發現了鈧元素，符合類硼的預測，類矽則在1886年被發現，命名為鍺。

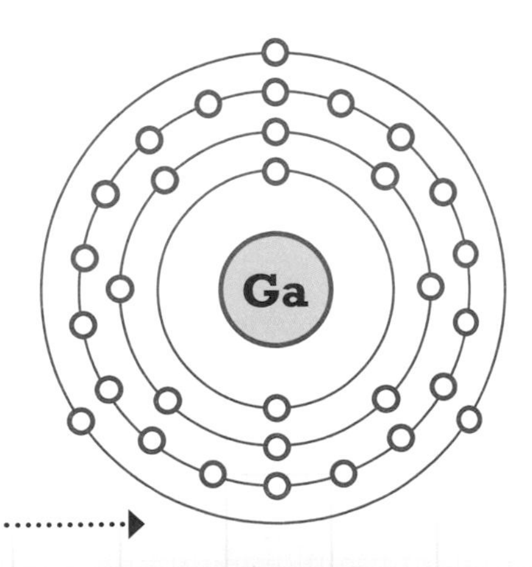

鎵（Ga）的電子組態，顯示外層軌域中有三個電子，電子價為3。

看懂元素週期表

元素週期表把元素依照「類」和「族」排列，這樣要分類並描述元素就容易多了。了解這些族的關係對任何學化學的人來說都非常重要。只要掌握決定各族特徵的基本規則，化學就沒那麼複雜了，你也會更容易弄懂那些令人困惑的名稱和術語。

金屬、非金屬和類金屬

元素週期表中的元素可以用許多種方法來劃分。一種是把它們分成三大類：金屬、非金屬和類金屬。從原子序5的硼（B）開始，在元素週期表中畫一條階梯狀向下的線，一直延伸到原子序84的釙（Po），左側所有元素都是金屬，但不包含鍺（Ge）和銻（Sb）。非金屬（包括氫）都在線的右側，落在線上的元素則是類金屬。

金屬具有日常生活中非常熟悉的物理特性。它們幾乎都是固體，大部分都堅硬、密度大、有光澤，敲打時會發出「叮」的聲音。金屬具有延展性和可塑性（可以拉成細線，也可以錘打成扁平狀）。化學家會根據傳導性來給金屬分類——金屬是熱和電的良好導體。在化學反應中，金屬通常會失去或供給電子。

非金屬包括多種氣體和液體，固體則很易脆。非金屬是不良導體，在化學反應中傾向獲得電子。

類金屬又叫半金屬，結合了金屬和非金屬的特性，包含傳導性。所以類金屬是半導體，廣泛用於電子領域。

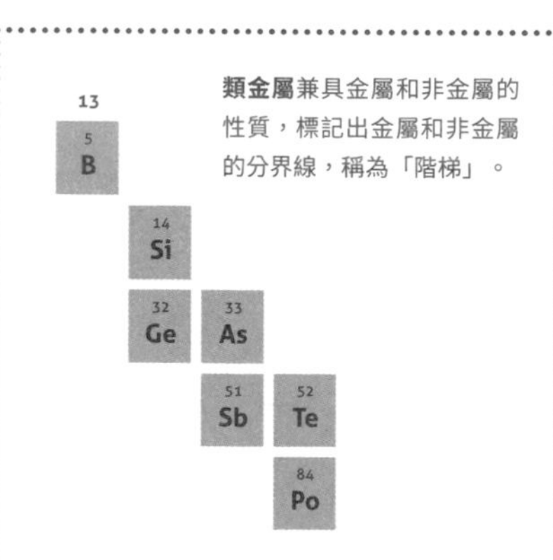

類金屬兼具金屬和非金屬的性質，標記出金屬和非金屬的分界線，稱為「階梯」。

元素週期表中大部分的元素都會形成氧化物。這些元素在水中的行為，通常取決於是金屬或非金屬。金屬會形成鹼性氧化物，和水反應形成鹼性溶液。非金屬則會形成酸性氧化物，和水反應產生酸性溶液。有些元素（例如鋁）會形成兩性氧化物，既可以是鹼性，也可以是酸性。

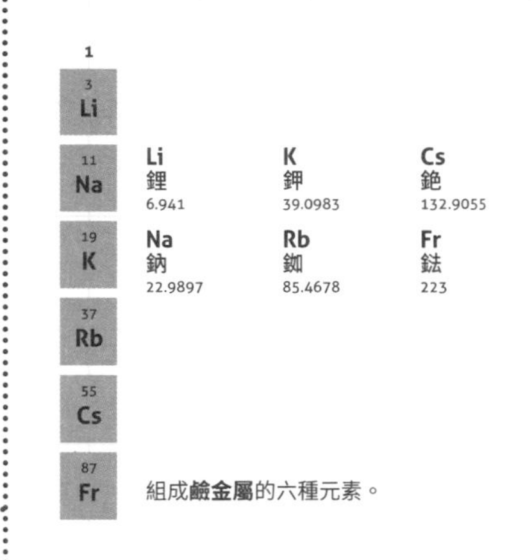

組成**鹼金屬**的六種元素。

族的關係

另一種劃分元素週期表的方法是分成直行，每一行為一族。它們被編成1到18號──或者用更傳統的方式，用羅馬數字和字母來編號。某些重要的族值得深入了解一下：

鹼金屬（第1族）

鹼金屬有很高的活性，而且非常柔軟，可用刀子切割。鹼金屬有一個最外層的電子，或稱價電子，失去後會形成帶有單一正電荷的離子，因此鹼金屬的氧化態為+1（見第90-91頁）。氫在元素週期表中的位置很像是第1族的成員，但那只是按照它的原子序擺放。實際上，氫自成一族。

鹼土金屬（第2族）

鹼土金屬通常也非常活潑。它們和第1族的金屬一樣，在大自然中是以離子鹽的型態存在，但由於鹼土金屬各自擁有兩個價電子，因此氧化態為+2。

2
4
Be
12
Mg
20
Ca
38
Sr
56
Ba
88
Ra

Be
鈹
9.0122

Ca
鈣
40.078

Ba
鋇
137.327

Mg
鎂
24.305

Sr
鍶
87.62

Ra
鐳
226

形成**鹼土金屬**的六種元素。

鹵素（第17族）

鹵素因為傾向和金屬反應形成鹽類（希臘文中的halx）而得名。每個鹵素都有七個價電子，因此通常是強氧化劑，在獲得一個電子後，形成帶有單一負電荷的離子。

組成**鹵素**的五種元素。

惰性氣體（第18族）

門得列夫建構元素週期表時，還沒有人知道惰性氣體的存在，而它們被發現後，他一開始還很苦惱出現一類新的元素會破壞他的理論。結果事實證明，惰性氣體是最後一塊拼圖，漂亮地接在了元素週期表的尾端。惰性氣體擁有填滿了八個電子的價殼層，非常不容易起反應。

18

2 He

10 Ne

18 Ar

36 Kr

54 Xe

86 Rn

He 氦 4.003　Ne 氖 20.179　Ar 氬 39.948

Kr 氪 83.798　Xe 氙 131.293　Rn 氡 222

天然存在的六種**惰性氣體**，反應性都很低。

這三族都顯示出典型的族週期趨勢。同一行中愈往下，族的特有性質就愈弱，不過每族的第一個成員通常都不太典型，例如鋰的化學性質就和其他鹼金屬不一樣。

如圖所示，元素週期表可以分為好幾個**區塊**。區分方法是根據能量最高的電子。

字母區塊

第三種劃分元素週期表的方法是根據電子軌域。如第124-125頁所說的，每個週期代表電子殼層離原子核愈來愈遠。這些殼層又細分為s、p、d和f軌域，最多分別容納2、6、10和14個電子。在各個週期裡，隨著原子序增加，元素也依次填滿每個軌域。因此元素週期表可以根據這些軌域劃分成幾個區塊：

s區塊包括第1族和第2族。

p區塊包括第13到第18族，沿著週期從左向右，逐漸填滿p軌域。

d區塊包括第3到第12族，叫過渡金屬。順著週期移動時，電子依序填滿d軌域。由於d軌域最多可容納10個電子，因此d區塊的寬度是10種元素。

進入第6和7週期時，開始出現f軌域，但為了節省空間，**f區塊**通常單獨拉出來放在元素週期表下方，包括鑭系元素，又叫做稀土元素（在第6週期），和錒系元素（在第7週期）。它們都是放射性元素。由於f軌域最多可容納14個電子，因此f區塊的寬度是14個元素。

超重元素

原子序非常高的時候，原子核會變得很大且不穩定，因此元素會變得具有放射性（見第132-133頁），會透過衰變（分解）產生原子序較低的元素。這表示原子序最高的天然元素是92的鈾（U）和94的鈽（Pu）。如果在核反應中形成比它們還要重的元素，幾乎會馬上衰變。但原子撞擊技術讓科學家能夠以人工的方式創造出元素週期表中預測的許多超重元素。在寫這本書的時候，最新創造的元素是117的鿬（Uus）。美俄團隊在2010年，透過把原子序20的鈣（Ca）原子和97的鉳（Bk）原子撞擊在一起，實現了這個目標。有史以來最重的元素是118的氭（Uuo）。這些超重原子的名稱都是暫定的，由國際純化學與應用化學聯合會（IUPAC）制定，直到有大家認同的永久名稱和符號為止。

測量光：光譜學

週期定律揭露了一個事實：化學和物理學是緊緊相繫的。伏打堆是一種從化學中誕生的技術，它開啟了化學和物理學的新世界，進而代表19世紀和現代的開端。如今化學和物理學結合，產生了新的光測量技術，把物理學和化學的範圍擴展到了真正的新世界——恆星！

研究陽光

德國光學家約瑟夫・馮・夫朗和斐（Joseph von Fraunhofer）首先注意到，透過光學鏡片觀看火焰的光譜（波長範圍）時，有明顯的亮線。他把玻璃對準太陽，發現有暗線打斷連續的光譜，當時無法解釋這樣的現象。

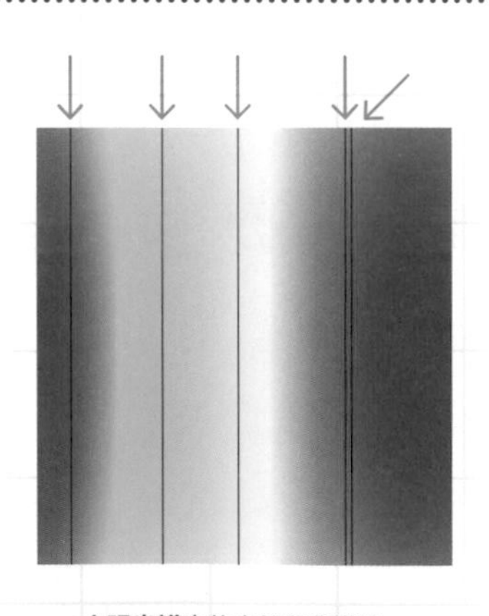

太陽光譜中的夫朗和斐譜線。

就在這時候，德國海德堡大學的化學教授羅伯特・本生（Robert Bunsen）發現燃燒某些元素，會產生特定顏色的火焰。海德堡大學的物理學教授古斯塔夫・克希何夫（Gustav Kirchhoff）協助本生分析這個問題。1859年，他們利用三稜鏡的折射（使光線改變方向）分離不同的波長，得到不同元素的光譜。他們還證明各種元素發射的獨特光譜可用來識別元素，就像是光譜的指紋。

1860至1861年間，本生透過這種名叫「光譜化學分析」的技術證明了兩種未知元素的存在。它們非常少量，存在於礦泉水中，其中一種會產生深紅色的譜線，因此稱為銣（拉丁文中「深紅色」的意思）。同時克希何夫也巧妙運用逆向分析技術來分析陽光。他和本生發現，夫朗和斐的暗線相當於鈉產生的亮黃色線。他們得出結論：鈉必定存在太陽的大氣中，會吸收黃光，讓光譜中的黃光到不了地球。此時科學已經能夠分析恆星的元素了。

量子躍遷

分析物質發射的光譜叫「發射光譜學」。這和控制繞著原子的電子的能階（或電子態）的規則有關。電子吸收光能小包（叫做光量子）時，會從穩定態或基態跳到激發態。電子回到原來的狀態時，會以光的形式發射量子。所需的量子數和軌域有關，於是這又決定了需要的能量，因此也可以確定電子從激發態回到基態時發出的光波長。每種元素都擁有獨特的電子組態，因此有獨特的吸收光譜和發射光譜。這表示光譜可以用來判斷電子組態，以及元素的原子序。

光儀器

光譜學的基本儀器是光譜儀。它具備只能讓一束光通過的狹縫、準直儀（讓光束變窄、形成平行光束的設備）、能透過折射或繞射來分離波長的稜鏡或光柵，以及望遠鏡或顯微鏡的物鏡，可讓使用者觀察。若在儀器上加裝相機或其他記錄設備就可成為攝譜儀，而加裝測量光譜的游標尺，則可成為分光計。

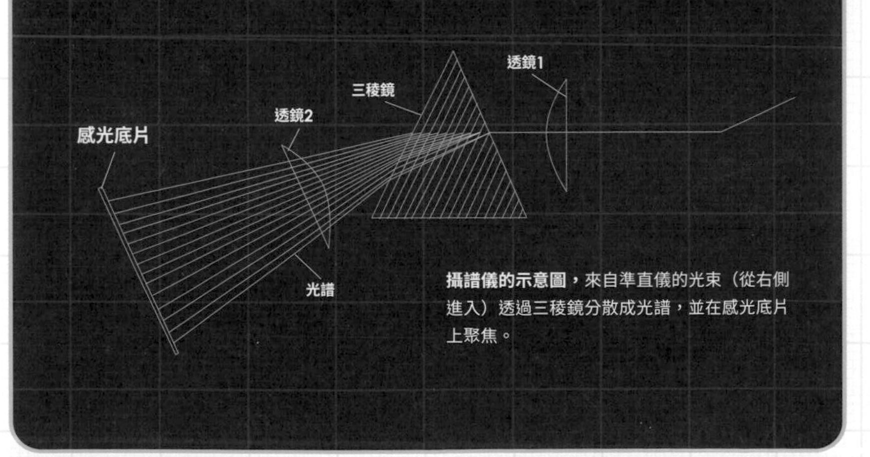

攝譜儀的示意圖，來自準直儀的光束（從右側進入）透過三稜鏡分散成光譜，並在感光底片上聚焦。

同位素與放射性

一般化學幾乎只討論電子的作用和行為，很少去深入觀察原子核，因為它們大多和共價鍵、離子鍵、電化學等現象有關。真正去探討原子核時，就叫做「核化學」，研究的是同位素、放射性和核反應。

同位素

同位素是指原子序相同，但中子數不同，因此原子量不同的原子。例如碳-14和碳-12都有6個質子，所以原子序相同。不過碳-14的原子核中有8個中子，而碳-12的原子中只有6個中子，所以它們的原子質量分別是14和12。兩種同位素的質子數量相同，所以有相同數量的電子，因此化學性質也相同。另一個例子是鈾-238和鈾-235，這兩種同位素的原子序都是92，但鈾-238的中子數為146，而鈾-235的中子數為143。同位素中的中子數，等於原子質量減去原子序。用科學記號來代表同位素時，是在元素符號的前面以上標的方式標出原子質量：

^{14}C 和 ^{12}C；^{238}U 和 ^{235}U

同位素在地球上的豐度不同。例如，絕大部分的碳原子都是^{12}C。這表示一個元素的「平均」原子質量（或原子量）是以含量最豐富的同位素為主。因此碳的原子量非常接近12（原子質量等於12.0115）。地球上大量天然存在的83種元素中，有20種是單一同位素（單核素），其餘的則是最多可達10種同位素的混合物。

放射性衰變

不穩定原子核的衰變會產生放射性，透過次原子粒子的損失和／或轉變來釋放能量。原子核的穩定性，和質子：中子（P：N）比有關。同位素的中子太少或太多都不穩定，穩定的比例和原子序有關。原子核超過一定大小時，也會變得不穩定，所有原子序在84以上的元素都不穩定，因此具有放射性。原子核

「想要」達到更穩定的P：N比時，就會發生放射性衰變。這和三種放射線有關：α粒子、β粒子和伽瑪射線：

α粒子有2個質子和2個中子。原子發射α粒子時，原子質量會少4個原子質量單位（amu），原子序會少2。發射α粒子，是鈾等重元素的典型特徵。衰變是核反應的形式，可以用類似化學反應的方程式來描述，例如：

[原子質量]
[原子序] $^{238}_{92}U \rightarrow ^{234}_{90}Th + ^{4}_{2}He$

β粒子是中子衰變成質子加電子時，從原子核發射的電子。電子從原子核中射出來，留下質子。這代表原子質量不變，但原子序增加1。例如氫的同位素氚，有2個中子和1個質子，P：N比不穩定。因此其中一個中子會在衰變的過程中發射出β粒子，變成質子。這麼一來，原子序就變成2，把氚原子轉換為氦的同位素：

$^{3}_{1}H \rightarrow ^{3}_{2}He + ^{0}_{-1}e$ [β粒子]

雖然β粒子只是一個電子，也還是要用特定的符號來平衡方程式。就像化學方程式一樣，兩邊的數字必須相等——在核反應中，兩邊的原子質量和原子序必須相等。在這個範例中：

夢想成真

放射性衰變是一種蛻變，因為它實現了煉金術士夢寐以求的目標：把一種元素變成另外一種元素。但和煉金術士的期待相反的是，天然的蛻變比較傾向於把貴金屬變成卑金屬，例如鈾會一路衰變成鉛。至於人工的蛻變則可以透過原子擊破器達成，替元素加入質子和中子。

(3 = 3 + 0) 和 (1 = 2 + -1)。

伽瑪輻射是電磁能的一種形式。有時原子核經歷α或β衰變後處於激發態，會透過發射非常高能量的光子——伽瑪射線——而回到較低的能量狀態。在電磁波譜上，伽瑪射線很接近X射線。

瑪麗與皮耶·居禮 Marie and Pierre Curie

解釋放射性的關鍵人物是瑪麗和皮耶·居禮。其中瑪麗尤其有名，她是第一位兩度獲得諾貝爾獎的人，並且克服了困難和偏見，為女性科學家開闢道路。居禮夫婦開創性的研究協助揭露了放射性的化學性質。

才華洋溢的組合

瑪麗·居禮（1867-1934年）出生於波蘭，是貧窮教師夫婦最小的女兒。她好不容易才受了教育，並擔任家庭教師，幫忙姊姊支付在巴黎學醫的費用。1891年，她搬去和姊姊一起生活，在索邦大學就讀，並且在那裡認識了法國化學家皮耶·居禮（1859-1906年）。皮耶發現了「壓電效應」，也就是加壓可使晶體產生電荷，也發現了一些會影響物質磁性的概念。他和瑪麗在1895年結婚。她利用他設計的儀器撰寫她的論文——檢驗瀝青鈾礦。法國物理學家亨利·貝克勒（Henri Becquerel，1852-1908年）已經發現鈾會放出輻射，所以瑪麗希望自己也能在瀝青鈾礦中找到類似的射線。結果瀝青鈾礦的放射性更強，表示可能含有其他尚未發現的放射性元素。她的丈夫放棄了自己的研究，和她一起完成從大量瀝青鈾礦中分離出新元素的艱鉅任務。

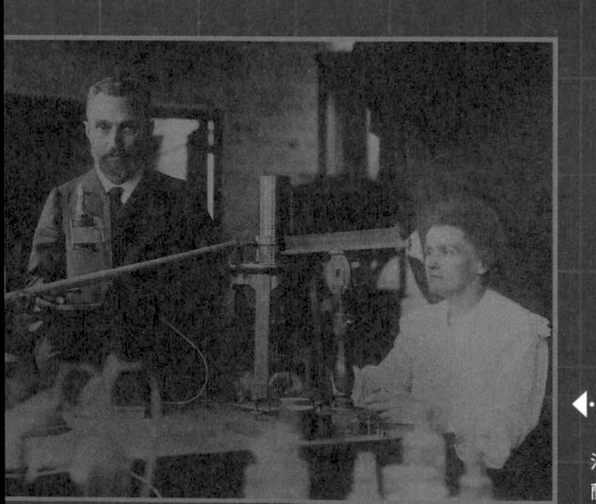

法國化學家**皮耶·居禮**（1859-1906年）和波蘭出生的**瑪麗·居禮**（1867-1934年）。

發現放射性

居禮夫婦在1898年發現了原子序84的釙（Po，以瑪麗的故鄉命名）和原子序88的鐳（Ra）。他們創造了「放射性」一詞，並證明β輻射和帶負電荷的粒子有關，替了解原子結構奠定了基礎。1903年，居禮夫婦和貝克勒共同獲得諾貝爾物理獎，但僅僅三年後，皮耶就去世了。瑪麗接任他的教職，成為第一位在索邦大學教書的女性。第一次世界大戰期間，她協助指導放射性元素的醫學用途，並在1916年因為鐳的研究獲得諾貝爾化學獎。不過由於長期接觸危險物質，她的健康受到損害，最後死於白血病。

釙和鐳的發現促使其他人進一步分離出更多放射性元素，揭開從鈾到鉛的整個衰變序列。這說明了為什麼瀝青鈾礦含有那麼多的放射性元素：一種元素是從另一種元素經過放射性衰變形成的。雖然無法預測單一放射性原子何時衰變，但只要樣本夠大，科學家就可以說出樣本中半數原子衰變所需的時間，這就叫半衰期。例如氡-222的半衰期是3.8天，因此在3.8天後，有一半的氡-222樣本會衰變，而在7.6天後，原子的數量就只剩下四分之一。

半衰期與碳定年

碳-14（^{14}C）是一種放射性同位素，半衰期為5730年，可用來測定6萬年以內的生物遺骨的年代。空氣的二氧化碳分子中也找得到碳-14，這會進入食物鏈，也就代表所有生物身上都有^{14}C。生物一旦死亡，吸收的碳-14量就開始逐漸衰變，也就是每5730年會減少一半。比較死亡生物體中剩下的碳-14和活著的生物體中的碳-14，就可以估算出那個生物何時死亡。

瀝青鈾礦，現在則叫方鈾礦。瑪麗和皮耶·居禮發現，這種礦物不只含有鈾，還有兩種新元素，瑪麗稱之為釙和鐳。它還含有其他許多放射性元素，例如鐳和鉛，都可以回溯到鈾的衰變。

有機化學：基礎概論

有機化學是碳的化學。碳元素具有獨特性質，自成一個科學領域。基於這些性質，碳的化學作用就是生命的化學作用，也是所有和生命相關的化學作用，從汽油到塑膠皆然。本章簡短說明主要的概念和術語。

發現碳骨架

碳原子有六個質子，因此也有六個電子：兩個在內殼層中，四個在外（價）殼層中。價殼層中的四個電子是碳性質的關鍵，讓碳原子可以和其他原子（包括其他碳原子）形成四個共價鍵（共享一對電子）。這些鍵可以是單鍵、雙鍵或三鍵。「自鍵結」表示碳可以形成長鏈，充當與其他元素連接的骨架。碳原子和連接物組合的數量，基本上沒有限制。

18世紀晚期，化學家開始區分有機和無機物質之後，有機化學龐大的多樣性和複雜性對早期的化學家形成了巨大的挑戰。拉瓦節提出，有機化合物的成分實際上非常有限，全部都包含碳

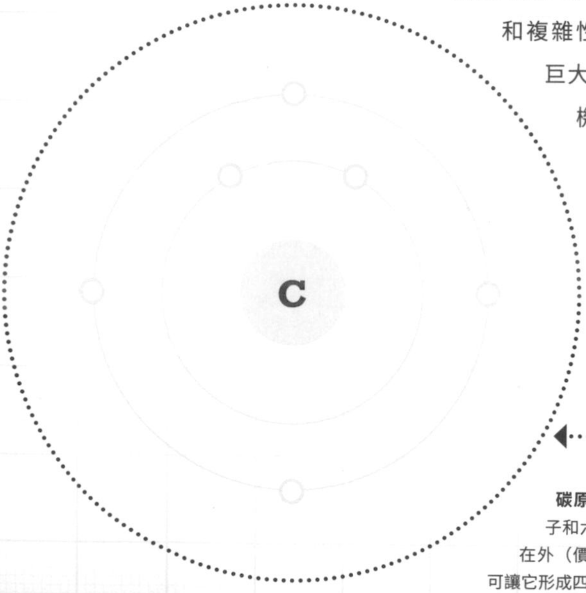

C

碳原子的電子組態。碳原子有六個質子和六個電子：兩個在內殼層中，四個在外（價）殼層中。外殼層中的四個電子可讓它形成四個共價鍵。

和氫，通常也含有氧，偶爾則含有氮。但隨著有機化學的研究持續發展，就愈來愈難套用任何有系統的規律。這個領域至少有一位先驅——德國化學家尤斯圖斯·馮·李比希（Justus von Liebig，1803-1873年）——惱怒到直接放棄嘗試系統化，轉而研究有機化學的應用。直到1858年，奧古斯特·凱庫勒（August Kekulé，1829-1896年）才集合了所有的研究，彙整出化學結構的綜合理論，強調碳支柱或碳骨架的重要性。

碳氫化合物

只有氫原子連接碳骨架時，會形成最簡單的有機化合物，叫「碳氫化合物」。不過它們也有很大的差異性。碳氫化合物的命名系統，是根據碳鏈中原子間的鍵結類型：

烷烴：只有單鍵的分子。在烷烴中，每個碳原子形成四個鍵，連接四個不同的原子，這些分子被認為是「飽和的」。

烯烴：有一個或多個雙鍵的分子。

炔烴：有一個或多個三鍵的分子。

環烴或環己烯：碳原子連接成環狀的分子，由六個碳原子組成環。環己烯類是重要的芳香族，環己烯的環是由單鍵和雙鍵交替形成。

烷烴和烯烴

碳氫化合物類型	分子	化學式	化學結構	分子模型
烷烴	甲烷	CH_4	H H–C–H H	
烷烴	乙烷	C_2H_6	H H H–C–C–H H H	
烯烴	乙烯	C_2H_4	H H C=C H H	
烯烴	丙烯	C_3H_6	H H H H–C–C=C H H	

許多有機化合物太過複雜，無法用分子（化學）式描述，因為可能有雙鍵、三鍵和碳支鏈。因此它們也有結構式，顯示分子結構中原子的排列方式。例如碳氫化合物丁烷，分子式為C_4H_{10}，但有兩種不同的結構式。在正丁烷中，結構式為直鏈的碳原子：

$$CH_3-CH_2-CH_2-CH_3$$

這是收合的結構式，和展開的結構式不同——展開的結構式分別顯示出每個氫原子和各原子之間的所有鍵：

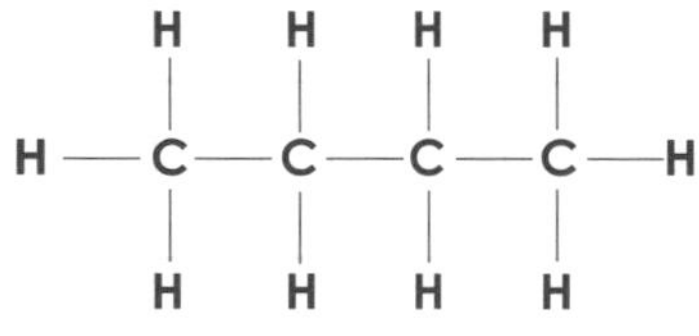

碳鏈末端的碳原子有三個鍵沒用到，因此可和三個氫原子鍵結。碳鏈中間的那些碳原子因為兩邊各用掉一個鍵來和其他碳原子連接，因此只能和兩個氫原子鍵結。

還有一種可能的排列，也就是碳鏈上有一個碳原子的分支：

$$CH_3-CH-CH_3$$
$$|$$
$$CH_3$$

化合物的分子式相同但結構式不同，就叫異構體，因此上面這叫異丁烷。

官能基

氫以外的元素和有機分子鍵結時，叫做官能基。重要的官能基有醇（-OH基和碳骨架鍵結）以及胺（和含氮的官能基-NH_2有關）。醇最簡單的形式是甲醇（又做甲基醇或木醇）：CH_3OH。葡萄酒、啤酒和烈酒中的酒精則是乙醇：CH_3CH_2OH。

葡萄酒、啤酒和烈酒都含有**乙醇**（一種酒精）。

凱庫勒的夢

奧古斯特·凱庫勒宣稱，最簡單的環己烯——苯（C_6H_6）——的六角環狀結構是他在夢中看見的。在嘗試了解苯的結構時，他打起瞌睡，一邊想像原子像蛇一樣扭動。他看到「其中一條蛇咬住自己的尾巴」，就這麼突然悟出了結構的形狀。

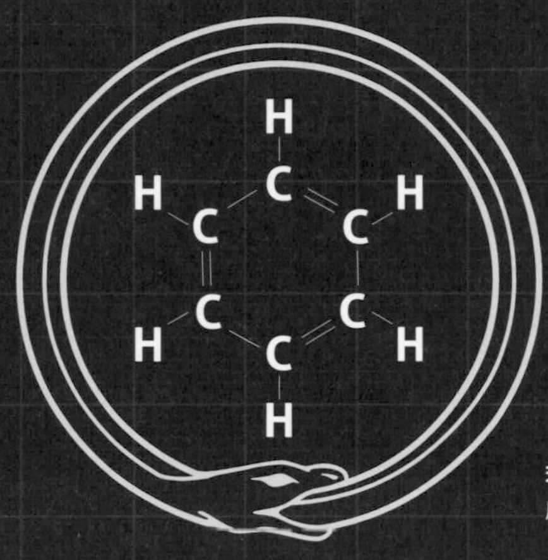

苯的原子結構，就像一條蛇咬住自己的尾巴。

生命的元素

在宇宙所有的元素中，碳的含量排名第四，而對生命而言，碳是最重要的元素。所有的生物都含有某種形式的碳。碳是生命的基石，因為它可以形成許多不同的鍵，並形成必需的化合物。在地球上，碳循環讓光合作用、呼吸作用、分解和碳化（植物體轉換為煤）等過程都變得可能。

碳在光合作用中扮演著關鍵角色。

索引

七畫

八畫

九畫

十畫

十一畫

十二畫

十三畫

十四畫

十五畫

十六畫以上

名詞解釋

書中出現的專有名詞在文中都有解釋。但為清楚起見，有幾個在這裡補充說明。

酸

提升水中 H^+ 離子濃度的化合物。

活化能

反應發生所需要的最小能量。

鹼（alkali）

鹼基的一種，溶於水中會產生氫氧根離子。

原子質量

原子的質量，以原子質量單位（amu）表示。

原子量

一種元素的各種同位素的平均質量，根據各同位素在地球上的自然藏量計算。

鹼基（base）

和酸發生反應，會產生鹽類的化合物。

燃燒反應

化合物和氧結合的反應，又叫燃燒氧化還原反應。

共價鍵

兩個原子共享一對電子而形成的鍵結。實際上，電子占據了圍繞兩個原子的新軌道。

吸熱反應

從周圍吸收熱能的反應。

放熱反應

產生熱的反應。

無機化學

研究除了碳以外的所有元素與不含碳化合物的化學。

離子

因為失去或獲得電子而帶正電或負電的原子。

同位素

原子序（質子數）相同，但因為中子數不同而導致質量不同的元素原子。

動能

粒子運動的能量，與粒子運動的速度和作用力有關。

質量數

原子核中，質子和中子的總和。

有機化學

研究碳化合物的化學。

氧化作用

失去電子的化學反應，例如和氧作用時。

pH 值

代表 H^+ 離子濃度的酸鹼標度，以對數表示。pH 值增加或減少一個單位，代表 H^+ 的濃度改變了十倍。

氣動化學

對氣體的研究。

放射性

不穩定原子核的分解或衰變，會失去和／或轉換次原子粒子，且伴隨能量的釋放。

原子價

原子、離子或自由基的結合能力；能夠鍵結氫原子的數目。